#수학유형서
#리더공부비법
#한권으로유형올킬
#학원에서검증된문제집

수학리더
유형

Chunjae
Makes
Chunjae

▼

기획총괄   박금옥

편집개발   윤경옥, 박초아, 조은영, 김연정, 김수정,
               임희정, 한인숙, 이혜지, 최민주

디자인총괄 김희정

표지디자인 윤순미, 박민정

내지디자인 박희춘

제작   황성진, 조규영

발행일   2023년 10월 15일 3판 2023년 10월 15일 1쇄

발행인   (주)천재교육

주소   서울시 금천구 가산로9길 54

신고번호   제2001-000018호

고객센터   1577-0902

교재 구입 문의 1522-5566

수학 리더 유형 1-1

BOOK 1

· · ·
유형북 **차례**

이 책의 **구성**과 **특징**

BOOK ❶ 유형북

STEP 1 개념별 유형

교과서 개념 ➕ 플러스 개념 유형 수록

개념별 유형 형성 평가

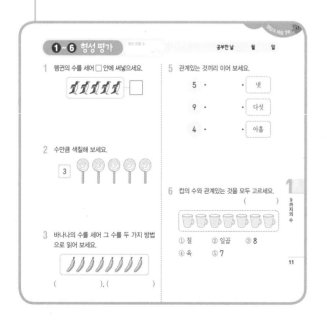

STEP 2 꼬리를 무는 유형

하나의 유형이 기본 〉 변형 〉 실생활 유형으로 다양하게 변형되는 구성

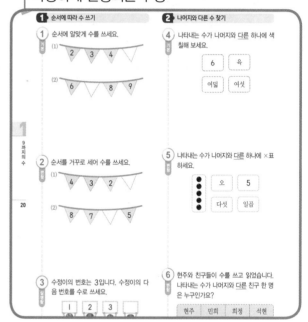

하나의 유형이 실력 〉 변형 〉 레벨업 유형으로 반복해서 익힐 수 있는 구성

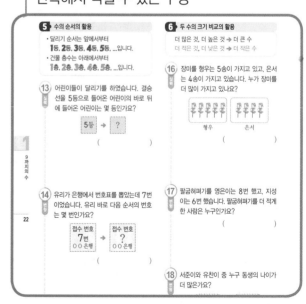

STEP 3 수학 독해력 유형

문제를 수학적으로 분석하고 문제 해결력을
기르는 유형

독해력 유형 ① 세 수의 크기 비교하기 구하려는 것에 밑줄을 긋고 풀어 보세요.

동물원에 호랑이, 코끼리, 원숭이가 있습니다. 호랑이, 코끼리, 원숭이 중 수가 가장 많은 동물
은 무엇인지 쓰세요.

호랑이	코끼리	원숭이

해결 비법

가장 많은 것
➜ 가장 큰 수를 찾습니다.

가장 적은 것
➜ 가장 작은 수를 찾습니다.

문제 해결

❶ 동물 수 구하기:

호랑이 ☐ 마리, 코끼리 ☐ 마리, 원숭이 ☐ 마리

❷ 동물 수 중 가장 큰 수: ☐

❸ 수가 가장 많은 동물: ☐

답 _____

쌍둥이 유형 1-1 위의 문제 해결 방법을 따라 풀어 보세요.

소희, 현수, 준호가 사탕을 가지고 있습니다. 소희, 현수, 준호 중 사탕을 가장 많이 가지고
있는 사람은 누구인지 쓰세요.

소희	현수	준호

유형 TEST

각 단원을 얼마나 잘 공부했는지 확인하는
유형 평가

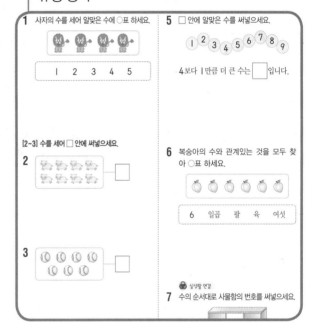

1 사자의 수를 세어 알맞은 수에 ○표 하세요.

| 1 | 2 | 3 | 4 | 5 |

[2~3] 수를 세어 ☐ 안에 써넣으세요.

2 ☐

3 ☐

5 ☐ 안에 알맞은 수를 써넣으세요.

1 2 3 4 5 6 7 8 9

4보다 1만큼 더 큰 수는 ☐ 입니다.

6 복숭아의 수와 관계있는 것을 모두 찾
아 ○표 하세요.

| 6 | 일곱 | 팔 | 육 | 여섯 |

실생활 연결
7 수의 순서대로 사물함의 번호를 써넣으세요.

BOOK ② 보충북

응용력 향상 집중 연습

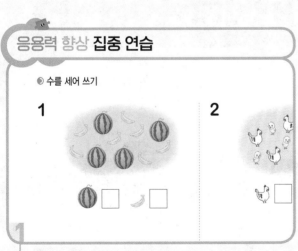

◉ 수를 세어 쓰기

1

☐ ☐

2

☐

응용 유형을 풀기 위한 워밍업 유형 반복 학습

창의·융합·코딩 학습

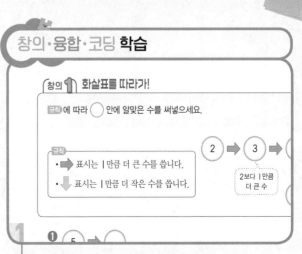

창의 ① 화살표를 따라가!

규칙에 따라 ○ 안에 알맞은 수를 써넣으세요.

규칙
• ➡ 표시는 1만큼 더 큰 수를 씁니다.
• ⬇ 표시는 1만큼 더 작은 수를 씁니다.

2 ➡ 3 ➡

2보다 1만큼
더 큰 수

1 ❶ 5 ➡

특별 코너! 수학 교과 역량을 키우는
창의·융합·코딩 학습

9까지의 수

I

인디언 나라에서 9까지의 수에 대해 배워 볼 거예요.
우리 함께 한 칸씩 통과해 가면서 이번 단원에서 배울 내용을 알아보도록 해요.

자~ 이제 출발!!

인디언의 집을 세어 수로 쓰면 3

여섯 또는 육 이라고 읽어요.

6 이 수는 어떻게 읽을까?

꼬마 인디언의 순서를 알아봐.

인디언 중에서 가장 높은 사람은 추장이야.

추장보다 높은 것은?

고추장!

큐알 코드를 찍으면 개념 학습 영상도 보고, 수학 게임도 할 수 있어요.

| 첫째 | 둘째 | 셋째 | 넷째 | 다섯째 | 여섯째 | 일곱째 | 여덟째 | 아홉째 |

개념별 유형

개념 1 1, 2, 3, 4, 5 알아보기

공책	●	1	하나 일
✂️	●●	2	둘 이
🎈🎈🎈	●●●	3	셋 삼
✏️	●●●●	4	넷 사
🧽	●●●●●	5	다섯 오

수는 하나, 둘, 셋, 넷, 다섯, ...으로
센다네~

1은 하나 또는 일이라고 읽지.

▶ 개념 동영상

1 도넛의 수만큼 ○를 그려 보세요.

2 자동차의 수를 세어 알맞은 말에 ○표 하세요.

하나 둘 셋 넷 다섯

3 오징어의 수를 세어 알맞은 수에 ○표 하세요.

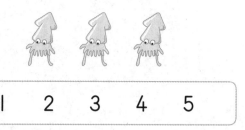

| 1 | 2 | 3 | 4 | 5 |

4 관계있는 것끼리 이어 보세요.

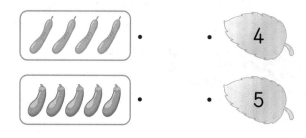

5 풍선의 수가 2인 것에 ○표 하세요.

(   )   (   )   (   )

🔧 문제 해결

6 알맞은 것끼리 이어 보세요.

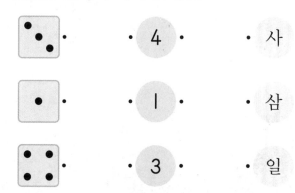

· 4 · 사

· 1 · 삼

· 3 · 일

개념 **2**   I, 2, 3, 4, 5 쓰기

①↓ 1	① 2	3	4 ① ↓②	① 5 ②→
1	2	3	4	5
1	2	3	4	5

점선을 따라 I, 2, 3, 4, 5를
쓰는 연습을 해 봐~

▶ 개념 동영상

7 수를 읽으면서 점선을 따라 쓰세요.

 둘(이)

2	2	2

[8~9] 보기 와 같이 ♡의 수만큼 ○를 그리고,
수를 쓰세요.

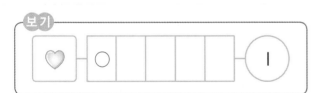
보기

8

9

[10~11] 수를 세어 □ 안에 써넣으세요.

10

11

12 수로 쓰세요.

오

(   )

🔵 실생활 연결

13 그림을 보고 나비의 수를 쓰세요.

(   )

개념3 6, 7, 8, 9 알아보기

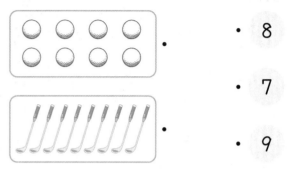

14 개구리의 수를 세어 알맞은 말에 ◯표 하세요.

| 다섯 | 여섯 | 일곱 | 여덟 |

[15~16] 수를 세어 알맞은 수에 ◯표 하세요.

15

| 6 | 7 | 8 | 9 |

16

| 6 | 7 | 8 | 9 |

17 관계있는 것끼리 이어 보세요.

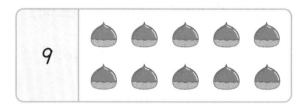

- 8
- 7
- 9

18 주어진 수만큼 묶어 보세요.

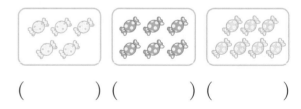

19 사탕의 수가 **7**인 것에 ◯표 하세요.

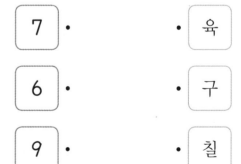

(   ) (   ) (   )

20 관계있는 것끼리 이어 보세요.

7	·	·	육
6	·	·	구
9	·	·	칠

개념4 6, 7, 8, 9 쓰기

6	7	8	9
6	7	8	9
6	7	8	9

점선을 따라 6, 7, 8, 9를 쓰는 연습을 해 봐~

▶ 개념 동영상

21 수를 읽으면서 점선을 따라 쓰세요.

　여섯(육)

| 6 | 6 | 6 |

[22~23] 보기와 같이 ●의 수만큼 ○를 그리고, 수를 쓰세요.

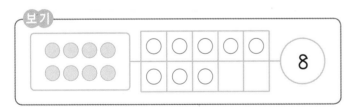
보기

22
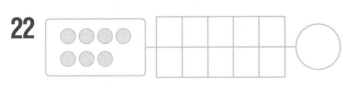

23

24 자동차의 수를 세어 □ 안에 써넣으세요.

🔧 문제 해결

25 수를 세어 □ 안에 써넣고 관계있는 것끼리 이어 보세요.

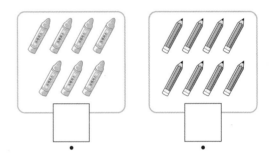

여덟　　일곱　　아홉

🔵 실생활 연결

26 그림을 보고 수를 세어 □ 안에 써넣으세요.

물고기
조개

조개가 □ 개 있습니다.

물고기가 □ 마리 있습니다.

개념별 유형

개념 5   수만큼 색칠하기

2는 둘이므로 하나, 둘까지 색칠합니다.

2는 하나, 둘을 세면서 색칠하면 돼~

[27~30] 수만큼 색칠해 보세요.

27

28

29

30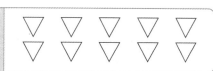

개념 6   수를 두 가지 방법으로 읽기

수를 두 가지 방법으로 읽을 수 있습니다.

1 하나, 일   **2** 둘, 이   **3** 셋, 삼

4 넷, 사   **5** 다섯, 오   **6** 여섯, 육

7 일곱, 칠   **8** 여덟, 팔   **9** 아홉, 구

31 수를 두 가지 방법으로 읽어 보세요.

 → (,   )

🔵 실생활 연결

32 손가락의 수를 세어 그 수를 두 가지 방법으로 읽어 보세요.

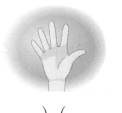

(   ), (   )

33 수를 바르게 읽은 사람의 이름을 쓰세요.

3은 셋 또는 삼이라고 읽어.

민재

9는 여덟 또는 팔이라고 읽어.

은우

(   )

1~6 형성 평가

맞힌 문제 수

개/ 7개

1 펭귄의 수를 세어 □ 안에 써넣으세요.

2 수만큼 색칠해 보세요.

| 3 |

3 바나나의 수를 세어 그 수를 두 가지 방법으로 읽어 보세요.

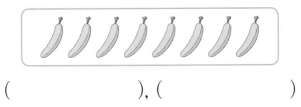

(   ), (   )

4 그림에 맞게 수를 고쳐 쓰세요.

꽃이 **4**송이 있습니다.

↓

5 관계있는 것끼리 이어 보세요.

5 •   • 넷

9 •   • 다섯

4 •   • 아홉

6 컵의 수와 관계있는 것을 모두 고르세요.

(   )

① 칠　　　② 일곱　　　③ 8

④ 육　　　⑤ 7

7 수를 각각 세어 □ 안에 써넣으세요.

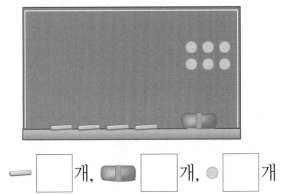

□ 개, □ 개, ● □ 개

1

9까지의 수

11

개념별 유형

개념7 수로 순서를 나타내기 (1)

첫째 둘째 셋째 넷째 다섯째 여섯째 일곱째 여덟째 아홉째

첫째는 1, 둘째는 2,
셋째는 3, ...으로 나타낸다구~

▶ 개념 동영상

[1~2] 어린이 9명이 달리고 있습니다. 물음에 답하세요.

첫째

1 다섯째로 달리는 어린이를 찾아 위의 그림에 ○표 하세요.

2 수로 순서를 나타내려고 합니다. □ 안에 알맞은 수를 써넣으세요.

1 2 3 □ 5 6 □ 8 □

3 관계있는 것끼리 이어 보세요.

6   7   8   9

여섯째   아홉째   일곱째   여덟째

🔍 정보처리

4 좋아하는 순서에 맞게 □ 안에 수를 써넣으세요.

이 순서로 좋아해.

1 □ □ □ □

5 보기와 같이 색칠해 보세요.

보기

4	♡♡♡♡♡♡♡♡♡
넷째	♡♡♡♡♡♡♡♡♡

7	○○○○○○○○○
일곱째	○○○○○○○○○

6 순서에 알맞게 잇고 ○ 안에 알맞은 수를 써넣으세요.

다섯째 둘째 첫째 넷째 셋째

⑤ ② ○ ○ ○

공부한 날   월   일

개념 **8** | 수로 순서를 나타내기 (2)

기준에 따라 순서가 달라질 수 있습니다.

[7~8] 순서에 알맞게 색칠해 보세요.

7
> 왼쪽에서 넷째

8
> 왼쪽에서 아홉째

9 오른쪽에서 여덟째 거북에 ○표 하세요.

🔵 **실생활 연결**

10 위에서 일곱째 서랍에 ○표 하세요.

위

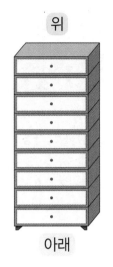

아래

11 알맞게 이어 보세요.

위에서 둘째 •

아래에서 셋째 •

위

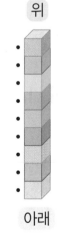

아래

12 빨간색 장화는 오른쪽에서 몇째인가요?

빨간색

(   )

개념별 유형

개념 9 수의 순서 알아보기

수를 순서대로 쓰면 다음과 같습니다.

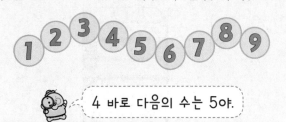

4 바로 다음의 수는 5야.

8 바로 다음의 수는 9야.

▶개념 동영상

13 수를 순서대로 쓸 때 빈 곳에 들어갈 수에 ○표 하세요.

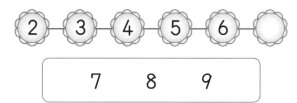

7   8   9

14 1부터 9까지의 수를 순서대로 이어 보세요.

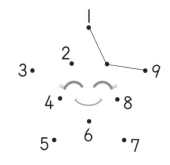

15 1부터 9까지의 수를 순서대로 쓰세요.

개념 10 수의 순서를 거꾸로 세기

순서를 거꾸로 세어 수를 쓰면 다음과 같습니다.

16 순서를 거꾸로 세어 수를 쓰세요.

17 소윤이가 말한대로 수를 쓰세요.

순서를 거꾸로 세어 5부터 1까지 써 봐.

소윤

(   )

⚡ 추론

18 순서를 거꾸로 세어 9부터 1까지의 수를 쓰세요.

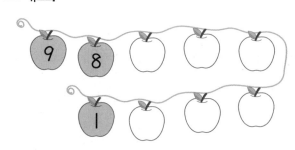

7 ~ 10 형성 평가

맞힌 문제 수

개 / 8개

1 순서에 맞게 수로 나타내 보세요.

첫째   둘째   셋째   넷째   다섯째

| 1 | 2 | | | |

2 오른쪽에서 여섯째 그림에 ○표 하세요.

[3~4] 책 9권이 쌓여 있습니다. 물음에 답하세요.

위

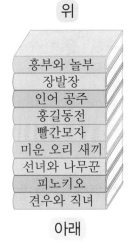

흥부와 놀부
장발장
인어 공주
홍길동전
빨간모자
미운 오리 새끼
선녀와 나무꾼
피노키오
견우와 직녀

아래

3 위에서 셋째에 있는 책의 제목을 쓰세요.

(   )

4 □ 안에 알맞은 책의 제목을 써넣으세요.

아래에서 다섯째에

[   ] 이/가 있어.

5 왼쪽에서부터 알맞게 색칠해 보세요.

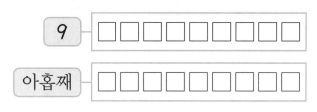

9 — ☐☐☐☐☐☐☐☐☐

아홉째 — ☐☐☐☐☐☐☐☐☐

6 1부터 9까지의 수를 순서대로 이어 보세요.

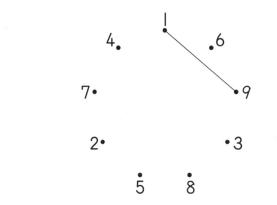

7 1부터 9까지의 수를 순서대로 쓰세요.

(   )

8 순서를 거꾸로 세어 9부터 1까지의 수를 쓰세요.

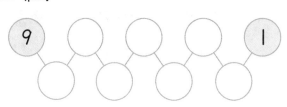

개념별 유형

개념 11 | 만큼 더 큰 수와 | 만큼 더 작은 수

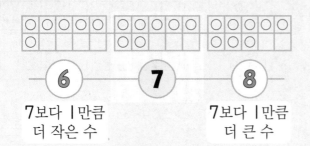

6   7   8

7보다 | 만큼
더 작은 수   7보다 | 만큼
더 큰 수

수를 순서대로 썼을 때
1만큼 더 **작은** 수는 바로 앞의 수입니다.
1만큼 더 **큰** 수는 바로 뒤의 수입니다.

▶ 개념 동영상

[1~2] 수의 순서를 보고 □ 안에 알맞은 수를 써 넣으세요.

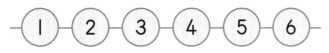

1 5보다 | 만큼 더 큰 수는 □ 입니다.

2 5보다 | 만큼 더 작은 수는 □ 입니다.

3 4보다 | 만큼 더 큰 수를 나타내는 것에 ○표 하세요.

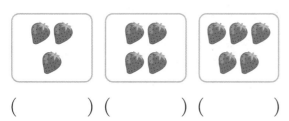

(   ) (   ) (   )

[4~5] □ 안에 알맞은 수를 써넣으세요.

4   3   ——| 만큼 더 큰 수——→ □

5   □ ←——| 만큼 더 작은 수——   9

[6~7] □ 안에 알맞은 수를 써넣으세요.

6 | 만큼 더 작은 수 | 만큼 더 큰 수

□ —— 2 —— □

7 | 만큼 더 작은 수 | 만큼 더 큰 수

□ —— 7 —— □

8 다은이가 말한 수보다 | 만큼 더 큰 수를 쓰세요.

다은 |

(   )

9 강아지의 수보다 | 만큼 더 큰 수에 ○표 하세요.

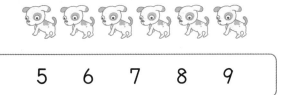

| 5 | 6 | 7 | 8 | 9 |

---

10 사과의 수보다 | 만큼 더 큰 수와 | 만큼 더 작은 수를 쓰세요.

| 만큼
더 작은 수 | 만큼
더 큰 수

 실생활 연결

11 줄넘기를 세찬이는 9번 넘었고, 유림이는 세찬이보다 | 번 더 적게 넘었습니다. 유림이는 줄넘기를 몇 번 넘었나요?

(   )

2   **1**   **0**

꽃병에 아무것도 없으면?

아무것도 없는 것을 **0**이라 쓰고, 영이라고 읽습니다.

 쓰기 ＞ 0   읽기 ＞ 영

▶ 개념 동영상

---

12 0을 따라 쓰세요.

0 | 0 | 0 | 0 | 0 |

---

13 고리의 수를 세어 □ 안에 써넣으세요.

| 2 | | |

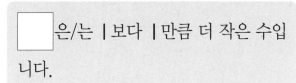 문제 해결

14 □ 안에 알맞은 수를 써넣으세요.

□ 은/는 | 보다 | 만큼 더 작은 수입니다.

개념별 유형

개념 13 수의 크기 비교하기

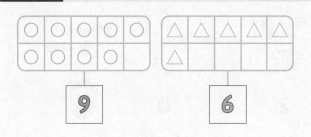

○는 △보다 **많습니다.**
➡ **9**는 **6**보다 **큽니다.**

△는 ○보다 **적습니다.**
➡ **6**은 **9**보다 **작습니다.**

▶ 개념 동영상

[15~16] 그림을 보고 알맞은 말에 ○표 하세요.

5 ─밤

4 ─도토리

15
밤은 도토리보다 (많습니다 , 적습니다).
5는 4보다 (큽니다 , 작습니다).

16
도토리는 밤보다 (많습니다 , 적습니다).
4는 5보다 (큽니다 , 작습니다).

17 그림을 보고 알맞은 말에 ○표 하세요.

| | | | | | | | | |
|1|2|3|4|5|6|7|8|9|

4는 7보다 (큽니다 , 작습니다).

[18~19] 더 큰 수에 ○표 하세요.

18

| 3 | 8 |

19

| 7 | 5 |

20 5보다 큰 수에 모두 ○표, 5보다 작은 수에
모두 △표 하세요.

| 1 | 2 | 3 | 4 | 5 | 6 | 7 | 8 | 9 |

21 왼쪽의 수보다 작은 수에 ○표 하세요.

6

| 7 | 9 | 5 |

🔧 문제 해결

22 주어진 두 수의 크기를 비교하여 □ 안에
알맞은 수를 써넣으세요.

| 9 | | 2 |

☐ 는 ☐ 보다 큽니다.

☐ 는 ☐ 보다 작습니다.

11 ~ 13 형성 평가

1 아이스크림의 수를 세어 □ 안에 써넣으세요.

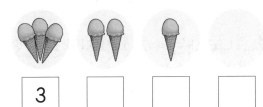

3 □ □ □

2 □ 안에 알맞은 수를 써넣으세요.

9보다 1만큼 더 작은 수는 □ 입니다.

3 수만큼 막대에 색칠하고 더 큰 수에 ○표 하세요.

6 [   ] (   )

8 [   ] (   )

[4~5] 더 작은 수에 △표 하세요.

4
| 2 | 7 |

5
| 9 | 5 |

6 □ 안에 알맞은 수를 써넣으세요.

1만큼 더 작은 수   1만큼 더 큰 수

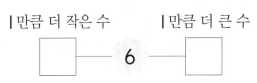

□ — 6 — □

7 7보다 큰 수에 모두 색칠해 보세요.

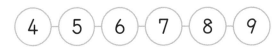

④ ⑤ ⑥ ⑦ ⑧ ⑨

8 지유가 먹고 남은 빵은 몇 개인가요?

빵이 2개 있었는데 모두 먹었어.

지유

(   )

9 미영이와 주환이가 수 카드를 한 장씩 뽑았습니다. 누구의 수가 더 큰가요?

미영   5   3   주환

(   )

꼬리를 무는 유형

1 순서에 따라 수 쓰기

1 순서에 알맞게 수를 쓰세요.
기본

(1)

(2)

2 순서를 거꾸로 세어 수를 쓰세요.
변형

(1)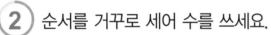

(2)

3 수정이의 번호는 **3**입니다. 수정이의 다음 번호를 수로 쓰세요.
실생활

수정

2 나머지와 다른 수 찾기

4 나타내는 수가 나머지와 <u>다른</u> 하나에 색칠해 보세요.
기본

6	육
여덟	여섯

5 나타내는 수가 나머지와 <u>다른</u> 하나에 ×표 하세요.
변형

오	5
다섯	일곱

6 현주와 친구들이 수를 쓰고 읽었습니다. 나타내는 수가 나머지와 <u>다른</u> 친구 한 명은 누구인가요?
변형

현주	민희	희정	석현
4	사	넷	셋

(   )

3 | 만큼 더 작은(큰) 수

7 (기본) 수의 순서를 보고 □ 안에 알맞은 수를 써넣으세요.

②—③—④—⑤—⑥—⑦—⑧

6보다 |만큼 더 작은 수는 □ 입니다.

8 (변형) 수의 순서를 보고 □ 안에 알맞은 수를 써넣으세요.

②—③—④—⑤—⑥—⑦—⑧

□ 은/는 7보다 |만큼 더 큰 수입니다.

9 (실생활) 수빈이네 가족의 수는 4명이고, 윤아네 가족의 수는 수빈이네 가족의 수보다 |명 더 적습니다. 윤아네 가족 수는 몇 명인가요?

(   )

4 상황에 맞게 수 읽기

10 (기본) 유찬이와 서아의 교실은 **5**층입니다. 수를 바르게 읽은 사람의 이름을 쓰세요.

 유찬
우리 교실은 오 층이야.

우리 교실은 다섯 층이야. 서아

(   )

11 (변형) 수를 바르게 읽은 것의 기호를 쓰세요.

내 나이는 8살이고 내 동생의 나이는 6살이야. 하린

㉠ 하린이의 나이는 여덟 살입니다.
㉡ 하린이 동생의 나이는 육 살입니다.

(   )

12 (변형) 밑줄 친 부분을 바르게 읽어 보세요.

내 출석 번호는 9번이야.

(   )

꼬리를 무는 유형

5 수의 순서의 활용

- 달리기 순서는 앞에서부터
  1등, 2등, 3등, 4등, 5등, ...입니다.
- 건물 층수는 아래에서부터
  1층, 2층, 3층, 4층, 5층, ...입니다.

13 실력

어린이들이 달리기를 하였습니다. 결승선을 5등으로 들어온 어린이의 바로 뒤에 들어온 어린이는 몇 등인가요?

| 5등 | → | ? |

( )

14 변형

유리가 은행에서 번호표를 뽑았는데 7번이었습니다. 유리 바로 다음 순서의 번호는 몇 번인가요?

| 접수 번호 **7**번 ○○은행 | ⇒ | 접수 번호 **?** ○○은행 |

( )

15 레벨업

영주와 민호는 같은 아파트에 살고 있습니다. 영주가 8층에 살고 있고, 민호는 영주의 바로 아래층에 살고 있다면 민호는 몇 층에 살고 있나요?

( )

6 두 수의 크기 비교의 활용

더 많은 것, 더 높은 것 ➡ 더 큰 수
더 적은 것, 더 낮은 것 ➡ 더 작은 수

16 실력

장미를 형우는 5송이 가지고 있고, 은서는 4송이 가지고 있습니다. 누가 장미를 더 많이 가지고 있나요?

형우　　　　　은서

( )

17 변형

팔굽혀펴기를 영은이는 8번 했고, 지성이는 6번 했습니다. 팔굽혀펴기를 더 적게 한 사람은 누구인가요?

( )

18 변형

서준이와 유찬이 중 누구 동생의 나이가 더 많은가요?

내 동생은 3살이야.　　내 동생은 7살이야.

서준　　　　　유찬

( )

7 ┃만큼 더 큰 수와 ┃만큼 더 작은 수의 관계

$$3 \xrightarrow{\text{1만큼 더 큰 수}} 4$$
$$3 \xleftarrow{\text{1만큼 더 작은 수}} 4$$

3보다 ┃만큼 더 큰 수가 4이므로 3은 4보다 ┃만큼 더 작은 수입니다.

19 □ 안에 알맞은 수를 써넣으세요.
실력

□ 보다 ┃만큼 더 큰 수는 6입니다.

20 □ 안에 알맞은 수를 써넣으세요.
변형

□ 보다 ┃만큼 더 작은 수는 7입니다.

21 유빈이는 귤을 5개 먹었습니다. 유빈이가 먹은 귤은 찬혁이가 먹은 귤보다 ┃개 더 많습니다. 찬혁이가 먹은 귤은 몇 개인가요?
레벨업

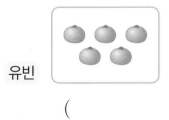

유빈

(   )

8 여러 수의 크기 비교

수를 순서대로 썼을 때 앞에 있을수록 더 작은 수이고, 뒤에 있을수록 더 큰 수입니다.

앞에 있을수록 더 작은 수
$$\longleftarrow$$
1 2 3 4 5 6 7 8 9
$$\longrightarrow$$
뒤에 있을수록 더 큰 수

22 다음 중 가장 큰 수를 쓰세요.
실력

3   5   9   6

(   )

23 사탕 통마다 들어 있는 사탕의 수가 쓰여 있습니다. 사탕이 가장 많이 들어 있는 통에 ○표, 가장 적게 들어 있는 통에 △표 하세요.
변형

(   ) (   ) (   )

24 ┃부터 9까지의 수 중에서 ㉠과 ㉡에 공통으로 들어갈 수 있는 수를 모두 구하세요.
레벨업

- ㉠ 은/는 4보다 큽니다.
- ㉡ 은/는 8보다 작습니다.

(   )

BOOK ❷ 2~7쪽 응용력 향상 문제 제공

수학 독해력 유형

독해력 유형 1 세 수의 크기 비교하기

✏️ 구하려는 것에 밑줄을 긋고 풀어 보세요.

동물원에 호랑이, 코끼리, 원숭이가 있습니다. 호랑이, 코끼리, 원숭이 중 수가 가장 많은 동물은 무엇인지 쓰세요.

호랑이

코끼리

원숭이

🖊 **해결 비법**

가장 많은 것
➡ 가장 큰 수를 찾습니다.

가장 적은 것
➡ 가장 작은 수를 찾습니다.

💡 **문제 해결**

❶ 동물 수 구하기:

호랑이 ☐ 마리, 코끼리 ☐ 마리, 원숭이 ☐ 마리

❷ 동물 수 중 가장 큰 수: ☐

❸ 수가 가장 많은 동물: ☐

답 _____

쌍둥이 유형 1-1

✏️ 위의 문제 해결 방법을 따라 풀어 보세요.

소희, 현수, 준호가 사탕을 가지고 있습니다. 소희, 현수, 준호 중 사탕을 가장 많이 가지고 있는 사람은 누구인지 쓰세요.

소희

현수

준호

따라 풀기 ❶

❷

❸

답 _____

독해력 유형 2 ■보다 크고 ●보다 작은 수 구하기

✏️ 구하려는 것에 밑줄을 긋고 풀어 보세요.

3보다 크고 7보다 작은 수는 모두 몇 개인지 구하세요.

 먼저 3보다 큰 수를 알아본 다음

 그중에서 7보다 작은 수를 찾으면 되겠네~

🕯️ 해결 비법

3보다 크고 7보다 작은 수

➜ 3보다 큰 수에도 들어 있어야 하고 7보다 작은 수에도 들어 있어야 합니다.

3보다 큰 수

③——————————▶
··· 3   4   5   6   7 ···
◀——————————⑦
7보다 작은 수

💡 문제 해결

❶ 9까지의 수 중 3보다 큰 수: 4, 5, 6, _____

❷ 위 ❶의 수 중 7보다 작은 수: 4, _____

❸ 3보다 크고 7보다 작은 수의 개수: ☐ 개

답 _____

1

9까지의 수

✏️ 위의 문제 해결 방법을 따라 풀어 보세요.

쌍둥이 유형 2-1

2보다 크고 5보다 작은 수는 모두 몇 개인지 구하세요.

따라 풀기 ❶

❷

❸

답

독해력 유형 **3** 자리 알아보기

✎ 구하려는 것에 밑줄을 긋고 풀어 보세요.

진영이는 영화관에 갔습니다. 진영이의 자리는 앞에서 셋째, 왼쪽에서 다섯째입니다. 진영이의 자리를 찾아 ○표 하세요.

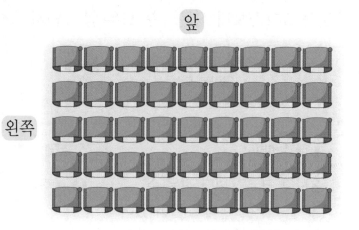

앞

왼쪽

1 9까지의 수

🕯 해결 비법

• 앞에서 둘째, 왼쪽에서 넷째인 자리 찾기

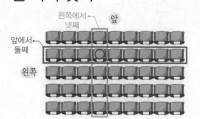

💡 문제 해결

❶ 위 그림의 앞에서 셋째 자리에 [   ]로 표시하기

❷ 위 그림의 왼쪽에서 다섯째 자리에 [   ]로 표시하기

❸ 진영이의 자리를 찾아 ○표 하기

쌍둥이 유형 **3-1**

✎ 위의 문제 해결 방법을 따라 풀어 보세요.

강당에서 현민이의 자리는 앞에서 둘째, 오른쪽에서 일곱째입니다. 현민이의 자리를 찾아 ○표 하세요.

앞

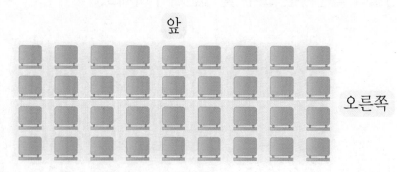

오른쪽

따라 풀기 ❶

❷

❸

공부한 날   월   일

독해력 유형 ④ 전체 수 구하기

✎ 구하려는 것에 밑줄을 긋고 풀어 보세요.

동현이네 모둠 학생들이 한 줄로 줄을 섰습니다. 동현이는 앞에서 다섯째, 뒤에서 셋째입니다. 줄을 선 학생들은 모두 몇 명인지 구하세요.

🕯 해결 비법

순서에 맞게 ○를 그리면 전체 수를 알 수 있습니다.

예 동현이가 앞에서 둘째, 뒤에서 셋째일 때 전체 학생 수 구하기

첫째 둘째
(앞) ○ ● ○ ○ (뒤)
셋째 둘째 첫째

➡ 그린 ○가 모두 **4**개이므로 전체 학생 수는 **4**명입니다.

💡 문제 해결

❶ 동현이의 앞에 있는 학생 수만큼 ○ 그리기:

(앞)   (뒤)

동현

❷ 위 ❶의 그림에 동현이의 뒤에 있는 학생 수만큼 ○ 그리기

❸ 줄을 선 전체 학생 수: ☐ 명

답 _____

1

9까지의 수

✎ 위의 문제 해결 방법을 따라 풀어 보세요.

쌍둥이 유형 ④-1

서영이네 모둠 학생들이 달리기를 하고 있습니다. 서영이는 앞에서 넷째, 뒤에서 여섯째로 달리고 있습니다. 달리기를 하고 있는 학생들은 모두 몇 명인지 구하세요.

따라 풀기 ❶

❷

❸

답 _____

1 사자의 수를 세어 알맞은 수에 ○표 하세요.

| 1 | 2 | 3 | 4 | 5 |

5 □ 안에 알맞은 수를 써넣으세요.

4보다 1만큼 더 큰 수는 □ 입니다.

[2~3] 수를 세어 □ 안에 써넣으세요.

2
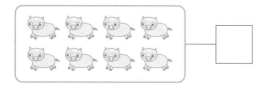 □

6 복숭아의 수와 관계있는 것을 모두 찾아 ○표 하세요.

| 6 | 일곱 | 팔 | 육 | 여섯 |

3
 □

 9까지의 수

🔴 실생활 연결

7 수의 순서대로 사물함의 번호를 써넣으세요.

4 토끼의 수를 세어 □ 안에 써넣으세요.

| 2 | | |

점수

점

 문제 해결

8 관계있는 것끼리 이어 보세요.

♥ •   • 셋 •   • ∣

★★ ★★★ •   • 하나 •   • 3

♠ ♠ ♠ •   • 다섯 •   • 5

9 왼쪽에서부터 알맞게 색칠해 보세요.

5	☆ ☆ ☆ ☆ ☆
다섯째	☆ ☆ ☆ ☆ ☆

10 순서에 알맞게 이어 보세요.

4   9   6
•   •   •

첫째

11 □ 안에 알맞은 수를 써넣으세요.

(1) ∣만큼 더 작은 수   ∣만큼 더 큰 수

☐ ── 3 ── ☐

(2) ∣만큼 더 작은 수   ∣만큼 더 큰 수

☐ ── 8 ── ☐

12 그림에 맞게 수를 고쳐 쓰세요.

접시에 김밥이 줄 있습니다.

☐

13 □ 안에 알맞은 수를 써넣으세요.

꽃밭에 나비가 ☐ 마리, 무당벌레가

☐ 마리 있습니다.

14 소연이는 8살입니다. 소연이의 나이만큼 초에 ○표 하세요.

15 알맞게 이어 보세요.

위에서 둘째 ·

아래에서 다섯째 ·

16 초콜릿을 윤수는 2개 가지고 있고, 인규는 3개 가지고 있습니다. 초콜릿을 누가 더 적게 가지고 있나요?

( )

정보처리

17 수의 순서대로 길을 따라가 보세요.

18 순서를 거꾸로 세어 수를 쓰세요.

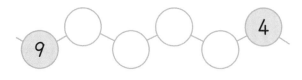

19 나비를 주어진 수만큼 묶었습니다. 묶고 남은 나비의 수를 쓰세요.

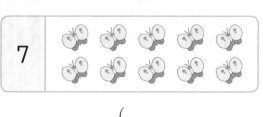

( )

20 가장 큰 수에 ○표 하세요.

(1) $\boxed{7}$ $\boxed{9}$ $\boxed{2}$

(2) $\boxed{8}$ $\boxed{5}$ $\boxed{1}$

 실생활 연결

21 수를 잘못 읽은 것의 기호를 쓰고 바르게 고쳐 쓰세요.

  나는 1학년 3반이야.

도윤

㉠ 도윤이는 일 학년입니다.
㉡ 도윤이는 세 반입니다.

잘못 읽은 것 (   )

고치기

22 7보다 작은 수가 쓰여 있는 푯말을 들고 있는 사람을 모두 찾아 이름을 쓰세요.

  2   9   7   6
하린   지유   시후   지호

(   )

23 □ 안에 알맞은 수를 써넣으세요.

$\boxed{}$ 보다 1만큼 더 큰 수는 **3**입니다.

24 학용품 **9**개를 한 줄로 늘어놓았습니다. 왼쪽에서 셋째에 연필을 놓았고, 오른쪽에서 넷째에 지우개를 놓았습니다. 연필과 지우개 사이에 있는 학용품은 몇 개인가요?

(   )

 서술형

25 3보다 크고 8보다 작은 수는 모두 몇 개인지 풀이 과정을 쓰고 답을 구하세요.

풀이

답

2 여러 가지 모양

활기찬 인디언 나라를 잘 지나 왔나요?
이제 서커스 나라에서 여러 가지 모양에 대해 배워 볼 거예요.
우리 함께 서커스 묘기들을 보면서 이번 단원에서 배울 내용을 알아보도록 해요.

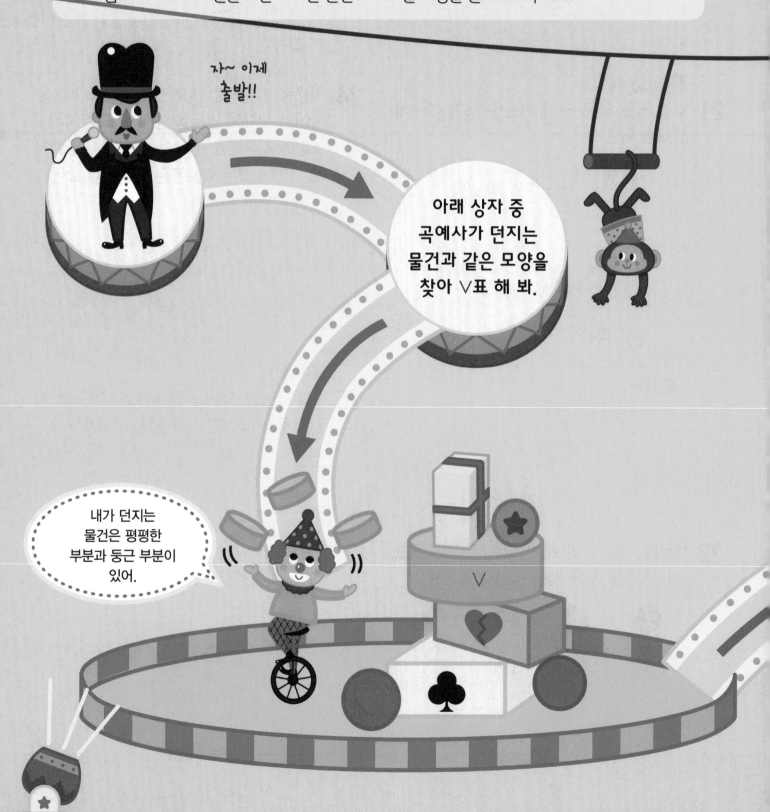

개념별 유형

개념 1 ▸ 🔲 모양 찾기

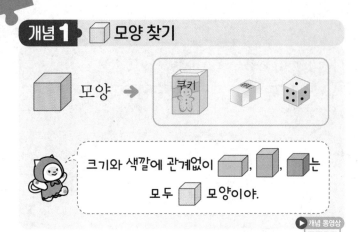

크기와 색깔에 관계없이 🔲, 🔲, 🔲 는 모두 🔲 모양이야.

▶ 개념 동영상

1 다음 물건은 어떤 모양인지 ○표 하세요.

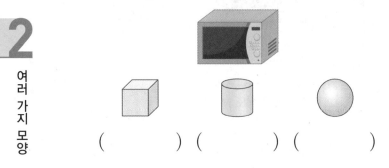

(   ) (   ) (   )

2 🔲 모양의 물건을 찾아 ○표 하세요.

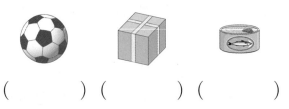

(   ) (   ) (   )

3 오른쪽 필통과 같은 모양의 물건을 찾아 기호를 쓰세요.

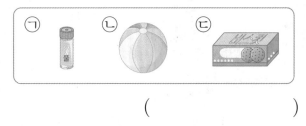

(   )

4 🔲 모양이 <u>아닌</u> 것은 어느 것인가요?

(   )

①   ②   ③ 분유

④ cookie   ⑤

5 🔲 모양은 모두 몇 개인가요?

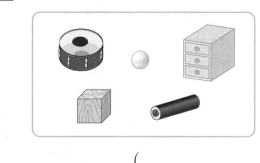

(   )

🔴 실생활 연결

6 재희의 책상에 있는 물건입니다. 🔲 모양에 모두 ○표 하세요.

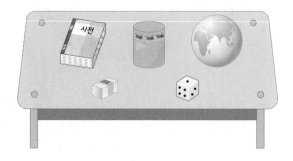

 **개념 2** 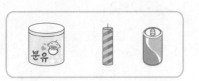 모양 찾기

 모양을 찾을 때는 위와 아래가
똑같이 동그란 모양인지 살펴봐~

▶ 개념 동영상

7 모양의 물건을 찾아 ○표 하세요.

(   ) (   ) (   )

8 모두 어떤 모양인지 알맞은 모양에 ○표
하세요.

(   ) (   ) (   )

9 모양이 아닌 것에 ×표 하세요.

(   ) (   ) (   )

10 오른쪽 저금통과 같은 모양의 물
건을 모두 찾아 ○표 하세요.

11 모양이 다른 하나는 어느 것인가요?

(   )

①   ②   ③

④   ⑤

🔴 실생활 연결

12 어머니께서 시장에서 사 오신 물건입니다.
모양은 모두 몇 개인가요?

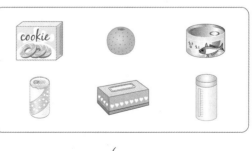

(   )

2

여러 가지 모양

35

개념별 유형

개념 3 ◯ 모양 찾기

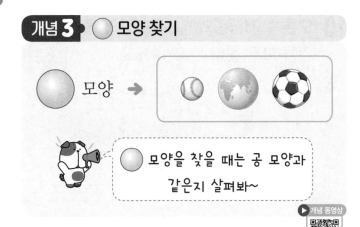

◯ 모양을 찾을 때는 공 모양과 같은지 살펴봐~

▶ 개념 동영상

13 ◯ 모양의 물건을 찾아 ◯표 하세요.

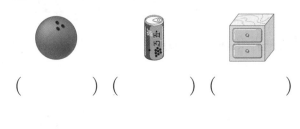

(   ) (   ) (   )

14 모두 어떤 모양인지 알맞은 모양에 ◯표 하세요.

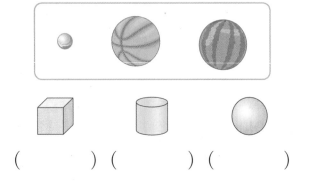

(   ) (   ) (   )

15 ◯ 모양이 <u>아닌</u> 것에 ×표 하세요.

(   ) (   ) (   )

16 오른쪽과 같은 모양의 물건은 어느 것인가요? (   )

①   ②   ③

④   ⑤

17 모양이 <u>다른</u> 하나를 찾아 기호를 쓰세요.

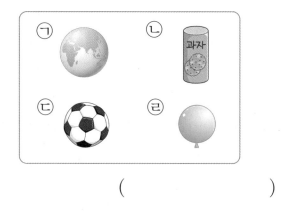

ㄱ   ㄴ 과자

ㄷ   ㄹ

(   )

🔍 정보처리

18 ◯ 모양이 있는 칸을 모두 색칠해 보세요.

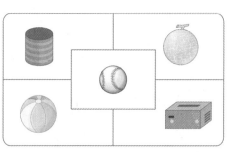

개념 4 같은 모양끼리 모으기

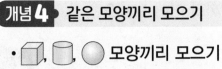, , 모양끼리 모으기

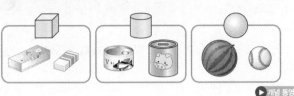

19 어떤 모양을 모은 것인지 ◯표 하세요.

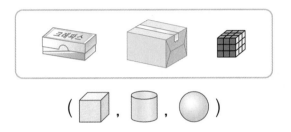

(, ,)

20 같은 모양끼리 이어 보세요.

21 같은 모양끼리 모은 것에 ◯표 하세요.

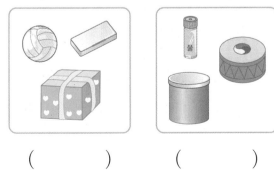

( )　( )

개념 5 , , 모양 설명하기

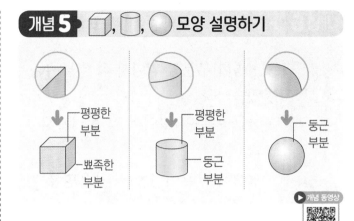

▶ 개념 동영상

22 오른쪽 모양의 일부분을 보고 알맞은 모양을 찾아 ◯표 하세요.

(, ,)

23 오른쪽 모양의 일부분을 보고 같은 모양의 물건을 찾아 기호를 쓰세요.

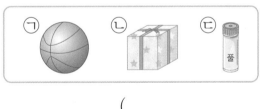

( )

⚡ 추론

24 도윤이가 상자에 들어 있는 물건을 만져 보고 설명한 것입니다. 알맞은 모양을 찾아 ◯표 하세요.

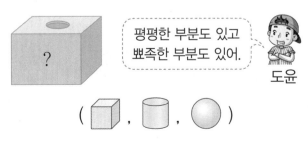

평평한 부분도 있고 뾰족한 부분도 있어.

도윤

(, ,)

2

여러 가지 모양

37

개념별 유형

개념 6 ,, 모양을 쌓아 보고 굴려 보기

	• 평평한 부분만 있어서 잘 쌓을 수 있습니다. • 둥근 부분이 없어서 잘 굴러가지 않습니다.
	• 평평한 부분이 있어서 세우면 잘 쌓을 수 있습니다. • 둥근 부분이 있어서 눕히면 잘 굴러갑니다.
	• 모든 부분이 둥글어서 쌓을 수 없습니다. • 모든 부분이 둥글어서 여러 방향으로 잘 굴러갑니다.

▶ 개념 동영상

25 잘 굴러가지 <u>않는</u> 모양에 ○표 하세요.

(   ) (   ) (   )

⚡ 추론

26 시후가 설명하는 물건으로 알맞은 것에 ○표 하세요.

모든 부분이 둥글어서 여러 방향으로 잘 굴러가.

시후

(   ) (   ) (   )

27 알맞은 것끼리 이어 보세요.

 •

 •

 •

• 눕히면 잘 굴러가고 쌓을 수 있어.

• 잘 굴러가지 않지만 쌓을 수 있어.

• 잘 굴러가지만 쌓을 수 없어.

28 바르게 설명한 것에 ○표 하세요.

(1) 은 잘 굴러가지 않습니다. (   )

(2) 은 잘 굴러갑니다. (   )

29 쌓을 수 있는 물건에 모두 ○표 하세요.

(   ) (   ) (   )

30 잘 굴러가지만 쌓을 수 <u>없는</u> 물건을 찾아 기호를 쓰세요.

㉠	㉡	㉢

(   )

1~6 형성 평가

맞힌 문제 수

개 / 7개

공부한 날   월   일

1 어떤 모양을 모은 것인지 ○표 하세요.

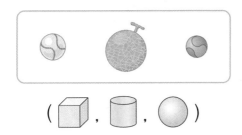

(, ,)

2 오른쪽과 같은 모양의 물건을 찾아 ○표 하세요.

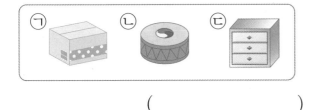

(   ) (   ) (   )

3 모양이 <u>다른</u> 하나를 찾아 기호를 쓰세요.

(   )

4 잘 굴러가는 모양에 모두 ○표 하세요.

(   ) (   ) (   )

5 모양의 일부분을 보고 같은 모양끼리 이어 보세요.

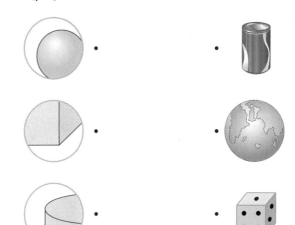

6 🛢 모양은 모두 몇 개인가요?

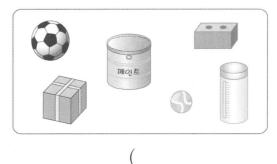

(   )

7 지유가 설명하는 모양의 물건을 찾아 기호를 쓰세요.

평평한 부분과 뾰족한 부분이 있고 잘 쌓을 수 있어.

지유

(   )

2

여러 가지 모양

39

개념별 유형

개념 7 여러 가지 모양 만들기

예 → V, ○, / 등과 같은 표시를 하면서 개수를 세어 봅니다.

🔲 모양	⬭ 모양	⚫ 모양
3개	1개	2개

가장 많이 사용한 모양은 🔲 모양이고, 가장 적게 사용한 모양은 ⬭ 모양이야.

▶ 개념 동영상

1 모양을 만드는 데 사용한 모양에 ○표 하세요.

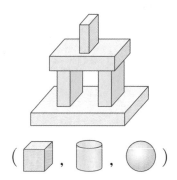

(🔲 , ⬭ , ⚫)

2 모양을 만드는 데 사용하지 <u>않은</u> 모양에 ×표 하세요.

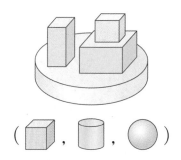

(🔲 , ⬭ , ⚫)

3 한 가지 모양으로만 만든 모양에 ○표 하세요.

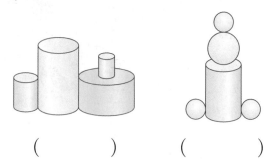

(   )   (   )

4 모양을 만드는 데 사용한 🔲 모양은 모두 몇 개인가요?

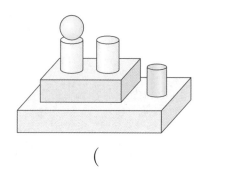

(   )

5 모양을 만드는 데 사용한 ⚫ 모양은 모두 몇 개인가요?

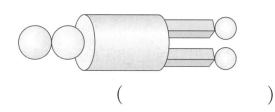

(   )

6 모양을 만드는 데 , 🛢, ⬤ 모양을 각각 몇 개 사용했는지 세어 보세요.

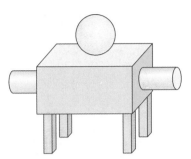

⬛ 모양: ☐ 개

🛢 모양: ☐ 개

⬤ 모양: ☐ 개

[7~8] 만든 모양을 보고 물음에 답하세요.

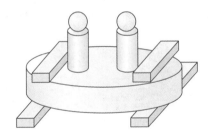

7 모양을 만드는 데 사용한 🛢 모양은 모두 몇 개인가요?

(   )

🖊 문제 해결

8 ⬛ 모양, ⬤ 모양 중에서 더 많이 사용한 모양에 ◯표 하세요.

(⬛ , ⬤)

개념 8 주어진 모양을 모두 사용하여 모양 만들기

(예)

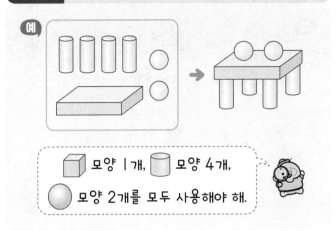

⬛ 모양 1개, 🛢 모양 4개,
⬤ 모양 2개를 모두 사용해야 해.

9 보기의 모양을 모두 사용하여 만들 수 있는 모양에 ◯표 하세요.

보기

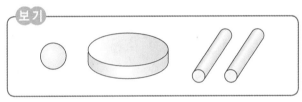

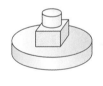

(   )   (   )

⚡ 추론

10 왼쪽의 주어진 모양을 모두 사용하여 만든 모양을 찾아 이어 보세요.

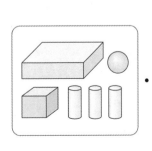   ·

·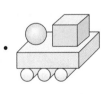

·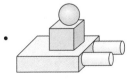

개념별 유형

개념 9 · 모양의 규칙

예

- 📷, ◯, 🥫 순서로 놓았어.
- ⬜, ◯, ⬜ 모양이 반복되네.

11 순서를 정해 물건을 늘어놓은 것입니다. 빈 곳에 들어갈 물건에 ◯표 하세요.

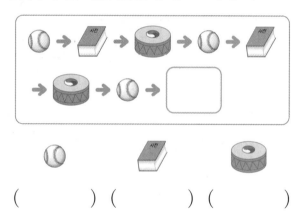

(   ) (   ) (   )

12 순서를 정해 물건을 늘어놓은 것입니다. 빈 곳에 들어갈 물건의 모양에 ◯표 하세요.

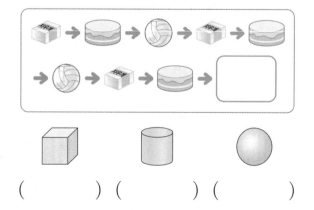

(   ) (   ) (   )

⚡ 추론

13 순서에 맞게 빈 곳에 들어갈 모양과 같은 모양의 물건을 찾아 기호를 쓰세요.

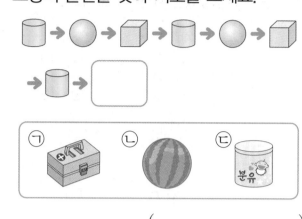

(   )

14 🔋 → ⚽ → 🎲 → 🔋 → ⚽ → 🎲 의 순서로 길을 따라가 보고 도착한 곳에 ◯표 하세요.

놀이터   은행   학교

(   ) (   ) (   )

7~9 형성 평가

맞힌 문제 수

개 / 6개

1 모양을 만드는 데 사용한 모양에 모두 ○표 하세요.

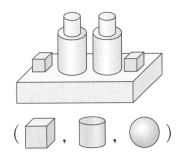

(⬜ , ⬛ , ⚪)

2 한 가지 모양으로만 만든 모양에 ○표 하세요.

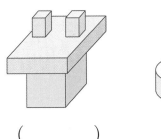

(　　　)   (　　　)

3 모양을 만드는 데 사용한 ⬛ 모양은 모두 몇 개인가요?

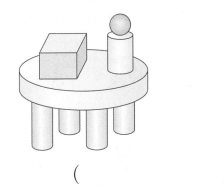

(　　　　　　)

4 오른쪽 모양을 만드는 데 ⬛, ⬛, ⚪ 모양을 각각 몇 개 사용했는지 세어 보세요.

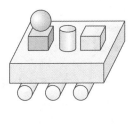

⬛ 모양	⬛ 모양	⚪ 모양

5 보기의 모양을 모두 사용하여 만들 수 있는 모양에 ○표 하세요.

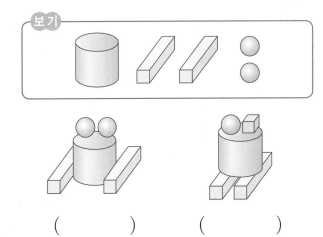

(　　　)   (　　　)

6 순서를 정해 물건을 늘어놓은 것입니다. 빈 곳에 들어갈 물건의 모양에 ○표 하세요.

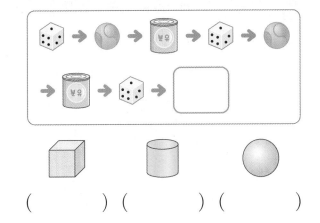

⬛ 　　　 ⬛ 　　　 ⚪

(　　　) (　　　) (　　　)

2

여러 가지 모양

꼬리를 무는 유형

1 , , 모양 찾기

1
기본

 모양에 □표, 모양에 △표, 모양에 ○표 하세요.

(   ) (   ) (   )

2
변형

같은 모양끼리 이어 보세요.

3
실생활

유리와 진호의 방에 있는 물건입니다. 두 사람의 방에 모두 있는 모양에 ○표 하세요.

(, ,)

2 설명하는 모양 찾기

4
기본

설명에 알맞은 모양의 물건을 찾아 ○표 하세요.

> 모든 부분이 둥급니다.

(   ) (   ) (   )

5
변형

설명에 알맞은 모양의 물건이 <u>아닌</u> 것을 찾아 ×표 하세요.

> 평평한 부분도 있고 둥근 부분도 있습니다.

(   ) (   ) (   )

6
실생활

은주가 상자 속에 들어 있는 물건을 만져 보니 평평한 부분이 있었습니다. 이 물건으로 알맞은 것을 모두 찾아 기호를 쓰세요.

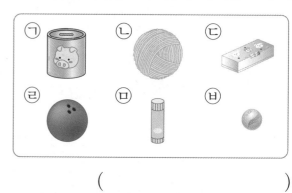

(   )

3 일부분만 보고 모양 알아맞히기

7

기본

오른쪽 모양의 일부분을 보고 같은 모양의 물건을 찾아 기호를 쓰세요.

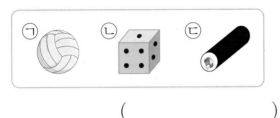

( )

8
변형

⬤ 모양의 물건을 상자에 넣은 사람은 누구인가요?

다은   지호

( )

9
실생활

오른쪽 모양의 일부분을 보고 같은 모양의 물건은 모두 몇 개인지 쓰세요.

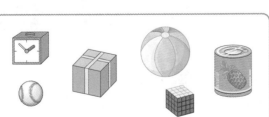

( )

4 사용한 모양의 개수 구하기

10
기본

모양을 만드는 데 모양을 모두 몇 개 사용했나요?

( )

11
변형

사용한 모양 중 🔲 모양이 3개인 모양에 ○표 하세요.

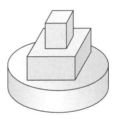   

( )   ( )

12
실생활

윤정이가 만든 로봇입니다. 🔲, 🛢, ⬤ 모양을 각각 몇 개 사용했나요?

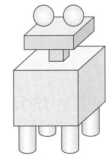

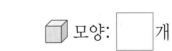 모양: ☐ 개

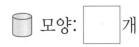 모양: ☐ 개

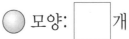 모양: ☐ 개

2
여러 가지 모양

45

꼬리를 무는 유형

5 가장 많이(적게) 사용한 모양 찾기

같은 모양끼리 V, ○, / 등으로 표시하여 사용한
◻, ▣, ● 모양의 개수를 세어 봅니다.

13 모양을 만드는 데 가장 많이 사용한 모양에 ○표 하세요.

(◻ , ▣ , ●)

14 모양을 만드는 데 가장 적게 사용한 모양에 ○표 하세요.

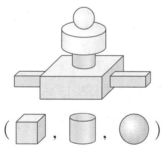

(◻ , ▣ , ●)

15 모양을 만드는 데 많이 사용한 모양부터 차례로 1, 2, 3을 쓰세요.

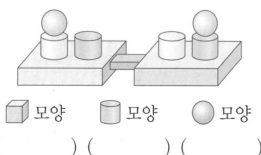

◻ 모양　　▣ 모양　　● 모양
(　　) (　　) (　　)

6 여러 가지 모양의 특징

- ◻ : 쌓을 수 있지만 잘 굴러가지 않습니다.
- ▣ : 세우면 쌓을 수 있고 눕히면 잘 굴러갑니다.
- ● : 쌓을 수 없지만 잘 굴러갑니다.

16 어느 방향으로 굴려도 잘 굴러가는 물건을 찾아 기호를 쓰세요.

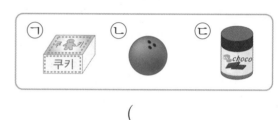

(　　　　　　)

17 도윤이가 말한 물건을 찾아 기호를 쓰세요.

평평한 부분이 있어.　도윤　눕히면 잘 굴러가.

(　　　　　　)

18 쌓을 수 <u>없는</u> 것은 모두 몇 개인가요?

(　　　　　　)

7 서로 다른(같은) 부분 찾기

사용된 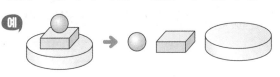 모양이 각각 같은 위치에 있는지 살펴보고 다른 부분을 찾습니다.

19 서로 다른 부분을 모두 찾아 ○표 하세요.
실력

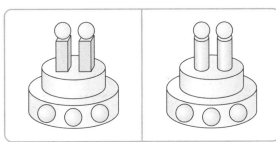

20 서로 같은 부분을 모두 찾아 ○표 하세요.
변형

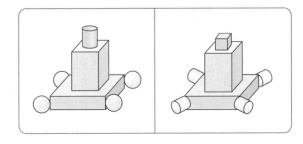

21 서로 다른 부분을 찾아 오른쪽 모양에 모두 ○표 하고, 몇 군데인지 쓰세요.
레벨업

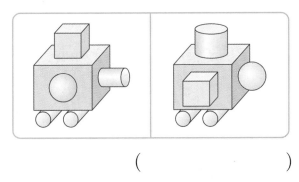

(   )

8 모양을 만들 수 있는 것 찾기

만든 모양과 주어진 모양을 비교합니다.

예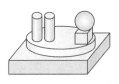

22 오른쪽 모양을 만들 수 있는 것을 찾아 기호를 쓰세요.
실력

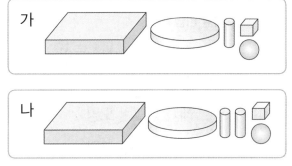

가

나

(   )

23 오른쪽 모양을 만들 수 없는 것을 찾아 기호를 쓰세요.
변형

가 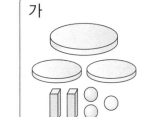   나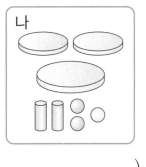

(   )

2

여러 가지 모양

47

수학 독해력 유형

✎ 구하려는 것에 밑줄을 긋고 풀어 보세요.

, ◯ 모양 중에서 가장 많은 모양을 구하세요.

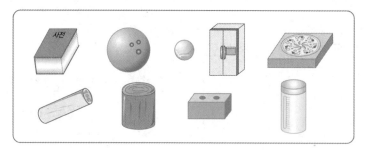

2

여러 가지 모양

🕯 **해결 비법**

- 📦 : 상자처럼 네모난 모양

- 🥫 : 둥근 기둥처럼 위와 아래가 동그란 모양

- ⚪ : 공처럼 둥근 모양

💡 **문제 해결**

❶ 📦, 🥫, ⚪ 모양의 개수:

📦 모양 [　] 개, 🥫 모양 [　] 개, ⚪ 모양 [　] 개

❷ 가장 많은 모양: (📦 , 🥫 , ⚪)

└──────→ 알맞은 모양에 ◯표 하기

답 ＿＿(📦 , 🥫 , ⚪)＿＿

48

✎ 위의 문제 해결 방법을 따라 풀어 보세요.

📦, 🥫, ◯ 모양 중에서 가장 많은 모양을 구하세요.

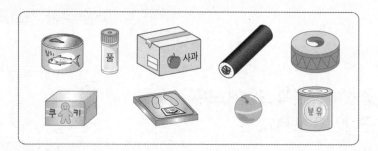

따라 풀기 ❶

❷

답 ＿＿(📦 , 🥫 , ⚪)＿＿

공부한 날 　　월　　일

독해력 유형 ② 두 모양을 만드는 데 모두 사용한 모양 찾기

✏ 구하려는 것에 밑줄을 긋고 풀어 보세요.

두 모양을 만드는 데 모두 사용한 모양을 구하세요.

가 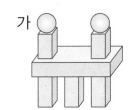　　나

📛 해결 비법

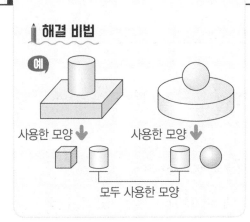

💡 문제 해결

알맞은 모양에 ○표 하기

❶ 가를 만드는 데 사용한 모양: (　, 　, 　)

❷ 나를 만드는 데 사용한 모양: (　, 　, 　)

❸ 위 ❶과 ❷에서 모두 사용한 모양: (　, 　, 　)

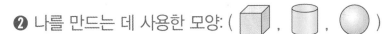

답  (　, 　, 　)

2

여러 가지 모양

✏ 위의 문제 해결 방법을 따라 풀어 보세요.

쌍둥이 유형 ②-1

두 모양을 만드는 데 모두 사용한 모양을 구하세요.

가 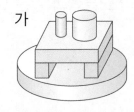　　나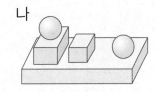

따라 풀기 ❶

❷

❸

답 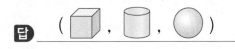 (　, 　, 　)

독해력 유형 **3** 일부분의 모양을 보고 사용한 모양의 개수 구하기   ✎ 구하려는 것에 밑줄을 긋고 풀어 보세요.

그림과 같이 기차 모양을 만드는 데 일부분이 오른쪽과 같은 모양을 몇 개 사용했는지 구하세요.

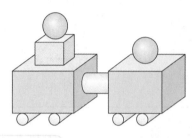

⌁ 해결 비법

일부분을 보고 모양을 찾아봅니다.

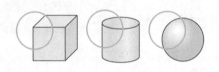

💡 문제 해결

❶ 오른쪽 모양의 일부분을 보고 알맞은 모양 찾기:

(⬜ , 🟦 , ⚪)

알맞은 모양에 ○표 하기

❷ 기차 모양을 만드는 데 위 ❶에서 찾은 모양을 몇 개 사용했는지 구하기 : ☐ 개

답 _____

2

여러 가지 모양

쌍둥이 유형 **3-1**   ✎ 위의 문제 해결 방법을 따라 풀어 보세요.

그림과 같이 강아지 모양을 만드는 데 일부분이 오른쪽과 같은 모양을 몇 개 사용했는지 구하세요.

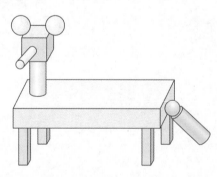

따라 풀기 ❶

　　　　❷

답 _____

독해력 유형 ④ 처음에 가지고 있던 모양의 개수 구하기

✎ 구하려는 것에 밑줄을 긋고 풀어 보세요.

재윤이가 다음 모양을 만들었더니 ⬛ 모양이 |개 남았습니다. 재윤이가 처음에 가지고 있던

⬛, ⬛, ⚪ 모양의 개수를 차례로 쓰세요.

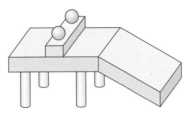

🖊 해결 비법

4개

|개
부족할 때   ↑ |만큼 더 작은 수

5개

|개
남을 때   ↓ |만큼 더 큰 수

6개

💡 문제 해결

❶ 모양을 만드는 데 사용한 ⬛ ⬛ ⚪ 모양의 개수:

⬛ 모양 [ ] 개, ⬛ 모양 [ ] 개, ⚪ 모양 [ ] 개

❷ 처음에 가지고 있던 ⬛, ⬛, ⚪ 모양의 개수:

⬛ 모양 [ ] 개, ⬛ 모양 [ ] 개, ⚪ 모양 [ ] 개

답 _____ , _____ , _____

2

여러 가지 모양

51

✎ 위의 문제 해결 방법을 따라 풀어 보세요.

쌍둥이 유형 ④-1

은채가 다음 모양을 만들려고 했더니 ⬛ 모양이 |개 부족했습니다. 은채가 가지고 있는

⬛, ⬛, ⚪ 모양의 개수를 차례로 쓰세요.

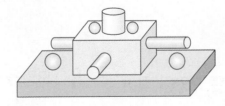

따라 풀기 ❶

❷

답 _____ , _____ , _____

1 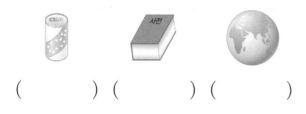 모양의 물건을 찾아 ○표 하세요.

(   ) (   ) (   )

2 왼쪽과 같은 모양을 찾아 ○표 하세요.

3 어떤 모양을 모은 것인지 ○표 하세요.

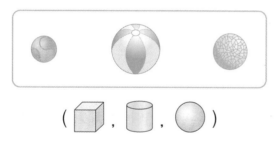

(⬜ , 🛢 , ⚪)

4 모양의 일부분을 보고 알맞은 모양을 찾아 ○표 하세요.

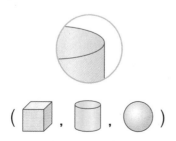

(⬜ , 🛢 , ⚪)

[5~6] 그림을 보고 물음에 답하세요.

5 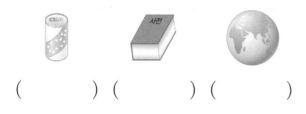 모양은 모두 몇 개인가요?

(   )

6 🛢 모양은 모두 몇 개인가요?

(   )

7 모양이 <u>다른</u> 하나를 찾아 기호를 쓰세요.

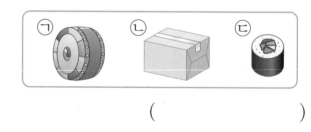

(   )

8 모양을 만드는 데 사용한 모양에 모두 ○표 하세요.

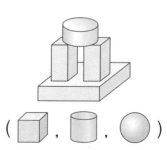

(⬜ , 🛢 , ⚪)

점수

점

공부한 날   월   일

9 오른쪽 물건과 같은 모양의 물건을 찾아 기호를 쓰세요.

(   )

10 모양을 만드는 데 사용한 모양은 모두 몇 개인가요?

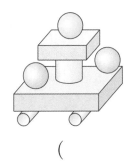

(   )

11 모양의 일부분을 보고 같은 모양끼리 이어 보세요.

  ·

  ·

  ·

·

·

·

의사소통

12 오른쪽 물건을 보고 바르게 설명한 사람의 이름을 쓰세요.

 평평한 부분도 있어.

다은

모든 부분이 둥글어.

도윤

(   )

13 모양이 같은 물건끼리 모은 것이 <u>아닌</u> 것을 찾아 기호를 쓰세요.

(   )

추론

14 설명에 알맞은 모양을 찾아 기호를 쓰세요.

쌓을 수도 있고 눕히면 잘 굴러갑니다.

(   )

2

여러 가지 모양

53

15 모양을 만드는 데 , , 모양을 각각 몇 개 사용했는지 세어 보세요.

　　 모양 (　　　　　　　)

　　 모양 (　　　　　　　)

　　 모양 (　　　　　　　)

16 쌓을 수 <u>없는</u> 물건을 찾아 기호를 쓰세요.

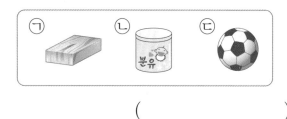

(　　　　　　　)

17 보기 의 모양을 모두 사용하여 만든 것을 찾아 기호를 쓰세요.

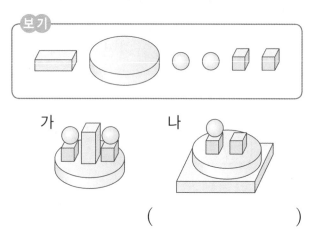

(　　　　　　　)

18 서로 <u>다른</u> 부분을 모두 찾아 ○표 하세요.

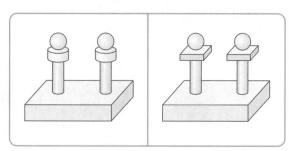

19 손으로 밀었을 때, 잘 굴러가지 <u>않는</u> 것은 모두 몇 개인가요?

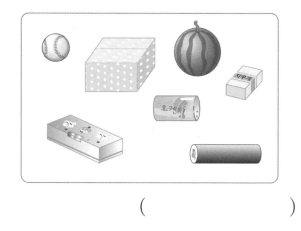

(　　　　　　　)

20 순서를 정해 물건을 늘어놓은 것입니다. 빈 곳에 들어갈 물건의 모양에 ○표 하세요.

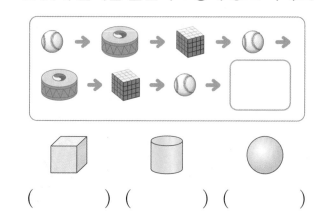

(　　　) (　　　) (　　　)

21 모양을 만드는 데 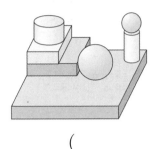 모양은 ⬤ 모양보다 몇 개 더 사용했나요?

(   )

22 모양을 만드는 데 가장 많이 사용한 모양에 ◯표 하세요.

(▨ , ▥ , ⬤)

🔆 추론

23 ▨, ▥, ⬤ 모양 중에서 가장 적은 모양에 ◯표 하세요.

(▨ , ▥ , ⬤)

24 두 모양을 만드는 데 모두 사용한 모양에 ◯표 하세요.

가   나

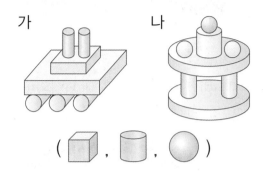

(▨ , ▥ , ⬤)

📝 서술형

25 그림과 같이 인형 모양을 만드는 데 일부분이 오른쪽과 같은 모양을 몇 개 사용했는지 풀이 과정을 쓰고 답을 구하세요.

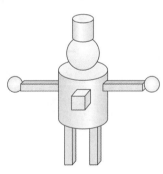

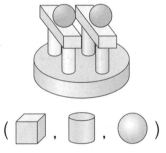

풀이 _____

_____

_____

_____

_____

답 _____

3 덧셈과 뺄셈

신기한 서커스 나라를 잘 지나왔나요? 이제는 초콜릿 나라에서 초콜릿이 만들어지는 과정을 따라 가면서 이번 단원에서 배울 내용을 알아보도록 해요.

개념 1 ▸ 2, 3을 모으기와 가르기

예 2를 모으기와 가르기

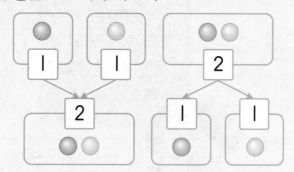

예 3을 모으기와 가르기

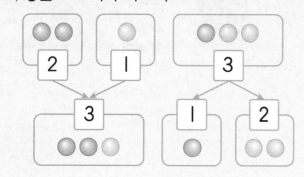

[1~2] 그림을 보고 빈 곳에 알맞은 수를 써넣으세요.

1

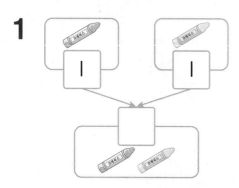

2

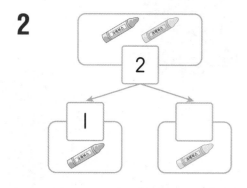

[3~4] 그림을 보고 빈 곳에 알맞은 수를 써넣으세요.

3

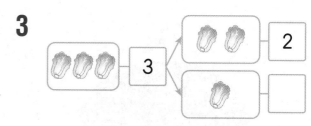

4

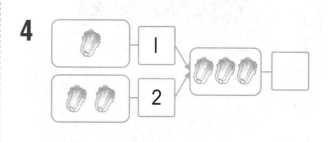

5 모으기와 가르기를 해 보세요.

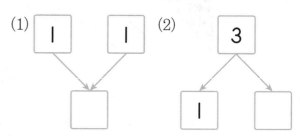

(1) ［ 1 ］ ［ 1 ］

(2) ［ 3 ］ ... ［ 1 ］

🔴 실생활 연결

6 피자 3조각을 두 접시에 나누어 담았습니다. 오른쪽 접시에 담은 피자는 몇 조각인가요?

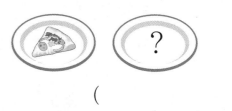

(   )

개념 2 · 4, 5를 모으기와 가르기

예 4를 모으기와 가르기

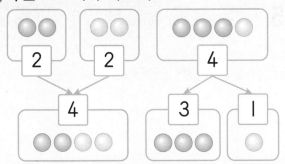

예 5를 모으기와 가르기

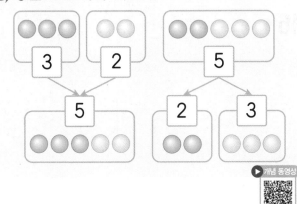

▶ 개념 동영상

[7~8] 그림을 보고 빈 곳에 알맞은 수를 써넣으세요.

7

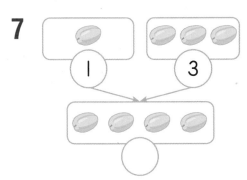

8

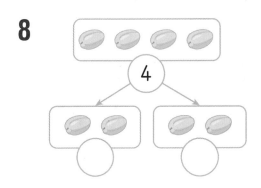

9 모으기를 해 보세요.

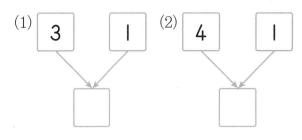

10 가르기를 해 보세요.

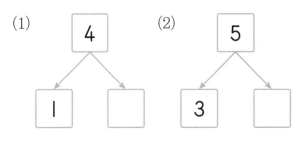

3

덧셈과 뺄셈

11 모으기하여 머리핀이 4개가 되도록 이어 보세요.

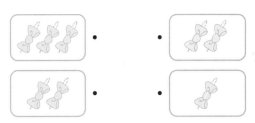

🔧 문제 해결

12 보기와 같이 두 가지 색으로 칸을 칠하고, □ 안에 알맞은 수를 써넣으세요.

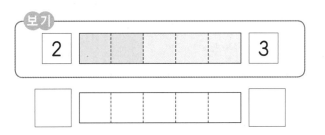

개념별 유형

개념3 ▸ 6, 7을 모으기와 가르기

예 6을 모으기와 가르기

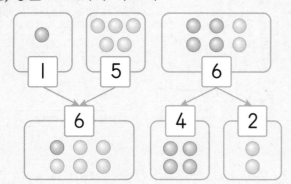

예 7을 모으기와 가르기

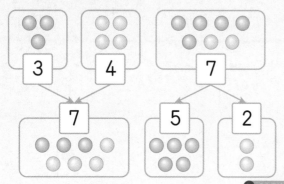

▶ 개념 동영상

[13~14] 그림을 보고 빈 곳에 알맞은 수를 써넣으세요.

13

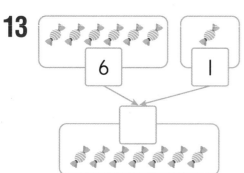

14

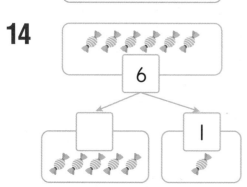

[15~16] 그림에 알맞은 수만큼 ○를 그려 넣고, 모으기와 가르기를 해 보세요.

15

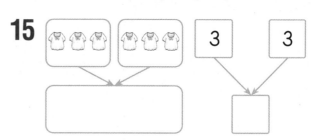

16

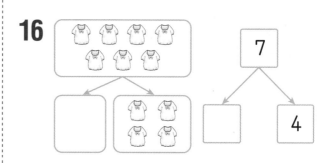

[17~18] 모으기와 가르기를 해 보세요.

17 18

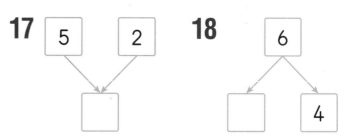

19 주사위의 눈의 수를 모으기하면 6이 되는 것에 ○표 하세요.

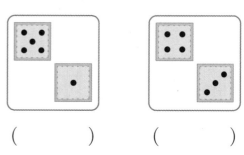

(　　　　)　　　(　　　　)

20 호랑이 7마리를 가르기한 것입니다. 빈 곳에 그려 넣어야 할 호랑이는 몇 마리인가요?

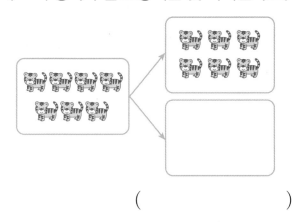

(   )

21 6은 3과 어떤 수로 가르기할 수 있는지 알맞은 수에 ○표 하세요.

| 2 | 3 | 1 | 4 |

🔴 실생활 연결

22 지우는 오늘 낮에 과자를 3개 먹고 저녁에 4개를 먹었습니다. 지우가 오늘 먹은 과자는 모두 몇 개인가요?

(   )

⚡ 추론

23 모으기하여 6이 되는 두 수를 모두 찾아 묶어 보세요.

③	③	7	0
4	2	1	5

개념**4** 8, 9를 모으기와 가르기

예 8을 모으기와 가르기

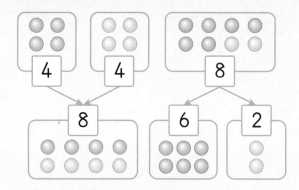

예 9를 모으기와 가르기

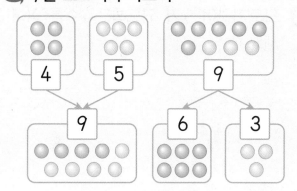

[24~25] 그림을 보고 빈 곳에 알맞은 수를 써넣으세요.

24

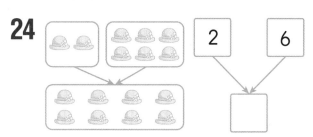

25

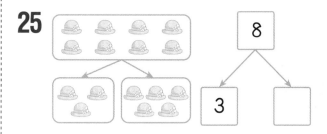

3

덧셈과 뺄셈

[26~27] 모으기와 가르기를 해 보세요.

26
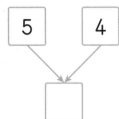

27
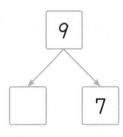

28 모으기하여 9가 되도록 두 수를 이어 보세요.

| 1 · | · 2 |
| 7 · | · 8 |

29 모으기를 바르게 한 것에 ○표 하세요.

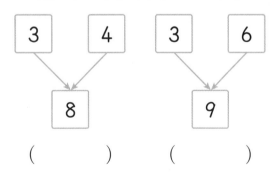

( )　　　( )

30 8은 5와 몇으로 가르기할 수 있나요?

( )

31 두 수를 모으기하면 8이 되는 것에 ○표 하세요.

( )　　　( )

 문제 해결

32 8을 두 가지 방법으로 가르기해 보세요.

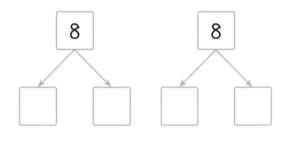

33 공깃돌 9개를 양손에 나누어 가졌습니다. 오른손에 있는 공깃돌은 몇 개인가요?

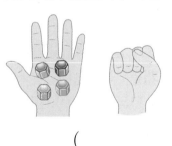

( )

34 두 수를 모은 수가 나머지와 <u>다른</u> 하나를 찾아 기호를 쓰세요.

| ㉠ 4와 5 | ㉡ 6과 3 | ㉢ 7과 1 |

( )

1~4 형성 평가

맞힌 문제 수

개/7개

공부한 날   월   일

1 그림을 보고 빈 곳에 알맞은 수를 써넣으세요.

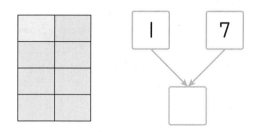

2 그림을 보고 □ 안에 알맞은 수를 써넣으세요.

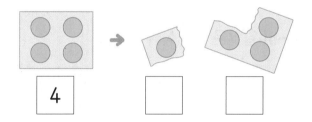

[3~4] 모으기와 가르기를 해 보세요.

3
2 1

4
5

2

5 모으기하여 젤리가 7개가 되도록 이어 보세요.

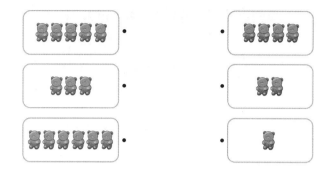

3

덧셈과 뺄셈

6 두 수를 모으기하면 9가 되는 것에 ○표 하세요.

4, 3   2, 7   1, 1

(   ) (   ) (   )

63

7 딸기 6개를 두 개의 접시에 나누어 담으려고 합니다. 한 접시에 1개를 담았다면 다른 접시에는 몇 개를 담아야 하나요?

(   )

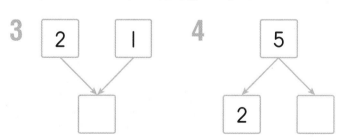

개념별 유형

개념 5 덧셈 알아보기

1. 그림을 보고 덧셈 이야기 만들기

> 연못 안에 오리 3마리와 풀 위의 오리 2마리를 모으면 모두 5마리입니다.

2. 덧셈식을 쓰고 읽기

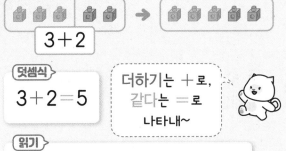

3+2

덧셈식
3+2=5

> 더하기는 +로, 같다는 =로 나타내~

읽기
3 더하기 2는 5와 같습니다.
3과 2의 합은 5입니다.

▶ 개념 동영상

1 그림을 보고 알맞은 덧셈식에 ○표 하세요.

3+1=4   4+1=5
(   )   (   )

2 알맞은 것끼리 이어 보세요.

 ·   · 2+3=5

 ·   · 6+1=7

---

3 그림을 보고 □ 안에 알맞은 수를 써넣으세요.

> 토끼 4마리와 □ 마리를 모으면 모두 □ 마리입니다.

[4~5] 알맞은 덧셈식을 쓰세요.

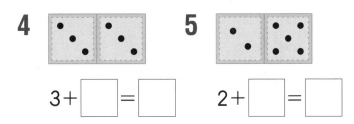

4 3+□=□   **5** 2+□=□

문제 해결

6 그림을 보고 덧셈식을 쓰고 읽어 보세요.

덧셈식 _____

읽기 _____

개념 **6** 덧셈하기 (1)→모으기로 덧셈하기

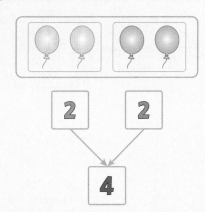

2와 2를 모으기하면 4이므로
풍선의 수는 2+2=4입니다.

▶ 개념 동영상

[7~8] 그림을 보고 빈 곳에 알맞은 수를 써넣으세요.

7

5   1

➜ 5+1=☐

8

6   2

➜ 6+2=☐

[9~10] 모으기를 이용하여 덧셈을 하세요.

9

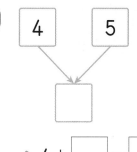

4   5

➜ 4+☐=☐

10

1   6

➜ 1+☐=☐

🔧 문제 해결

11 그림을 보고 모으기를 하여 덧셈식을 쓰세요.

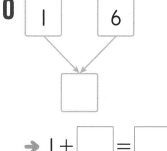

➜ ☐+☐=☐

개념별 유형

개념 7 덧셈하기 (2) → 수판에 그려서 덧셈하기

$2+2=4$

○를 **2**개 그린 후 이어서 **2**개를 더 그리면 풍선은 모두 **4**개입니다.

▶ 개념 동영상

[12~13] 그림을 보고 ○를 그리고 덧셈을 하세요.

12

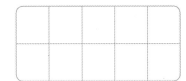

$4+1=$ □

13

$3+5=$ □

[14~15] ○를 그려 덧셈을 하세요.

14
$4+2=$ □

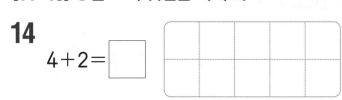

15
$5+4=$ □

16 그림을 보고 덧셈식을 잘못 만든 것의 기호를 쓰세요.

○ ○ ○ ○ ○
○ ○

⊙ $3+4=7$ ⓒ $5+1=6$

(   )

🔍 정보처리

17 그림을 보고 덧셈식을 쓰세요.

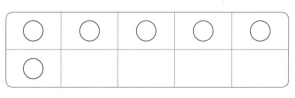

□ $+$ □ $=$ □

개념 8 그림을 보고 덧셈 문제 해결하기

모자를 쓴 학생 **3**명과 쓰지 않은 학생 **2**명을 합하면 학생은 모두 **5**명입니다.

→ 3+2=5

2+3=5라고 할 수도 있어.

18 그림을 보고 □ 안에 알맞은 수를 써넣으세요.

4+1=□

19 그림에 알맞은 덧셈식을 찾아 이어 보고, 이은 식을 계산해 보세요.

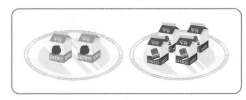

2+3=□   2+4=□

[20~21] 그림을 보고 덧셈식을 만들어 보세요.

20 안경을 쓴 학생과 쓰지 않은 학생 수의 합을 나타내는 덧셈식을 만들어 보세요.

□+□=□

21 남학생과 여학생 수의 합을 나타내는 덧셈을 만들어 보세요.

□+□=□

🔵 실생활 연결

22 그림을 보고 주차장에 있는 자동차는 모두 몇 대인지 덧셈식을 쓰고 답을 구하세요.

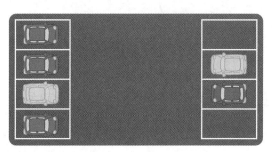

덧셈식 _____

답 _____

3

덧셈과 뺄셈

67

개념별 유형

개념 9 수의 순서를 바꾸어 더하기

예 크레파스의 수 알아보기

→ 크레파스의 수: **3+4=7**

수의 순서를 바꾸어 빨간색 크레파스 **4**개 와 초록색 크레파스 **3**개를 더해도 크레파 스의 수는 **4+3=7**입니다.

수의 순서를 바꾸어 더해도 합은 같습니다.

[23~24] 두 사람이 딴 딸기는 모두 몇 개인지 구 하려고 합니다. 물음에 답하세요.

23 딸기의 수를 덧셈식으로 쓰세요.

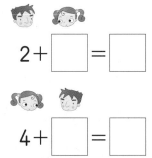

$2+\boxed{}=\boxed{}$

$4+\boxed{}=\boxed{}$

24 위 **23**에서 구한 덧셈식을 비교하여 알맞은 말에 ○표 하세요.

수의 순서를 바꾸어 더해도 합은 (같습니다 , 다릅니다).

25 그림을 보고 □ 안에 알맞은 수를 써넣으 세요.

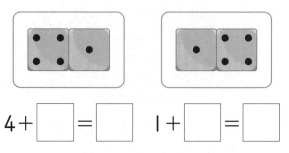

$4+\boxed{}=\boxed{}$ $1+\boxed{}=\boxed{}$

26 3+5와 합이 같은 것에 색칠해 보세요.

6+3   5+3

🔋 **추론**

27 펼친 손가락의 개수가 같은 두 사람은 누 구인가요?

도윤   하린   지호

(   )

28 합이 같은 것끼리 이어 보세요.

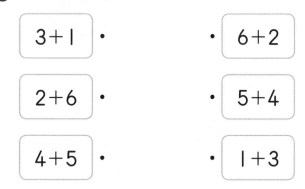

3+1	·	·	6+2
2+6	·	·	5+4
4+5	·	·	1+3

5 ~ 9 형성 평가

맞힌 문제 수

개 / 7개

공부한 날　　　월　　　일

1 그림을 보고 □ 안에 알맞은 수를 써넣으세요.

흰 나비는 □ 마리 있고, 노란 나비는 1마리 있으므로 나비는 모두 □ 마리입니다.

2 그림을 보고 □ 안에 알맞은 수나 말을 써넣으세요.

덧셈식　2+1= □

읽기 ┌ 2 더하기 □ 은/는 3과 같습니다.
　　 └ 2와 1의 □ 은/는 3입니다.

3 모으기를 이용하여 덧셈을 하세요.

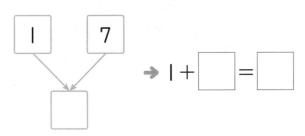

→ 1+ □ = □

4 ○를 그려 덧셈을 하세요.

6+3= □

5 합이 같은 것끼리 이어 보세요.

2+4 ・　　　・ 3+5

5+3 ・　　　・ 4+2

6 그림을 보고 덧셈식을 만들어 보세요.

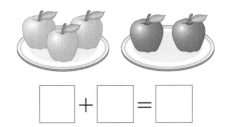

□ + □ = □

7 필통에 초록색 연필 4자루와 주황색 연필 3자루가 있습니다. 필통에 있는 연필은 모두 몇 자루인지 덧셈식을 쓰고 답을 구하세요.

덧셈식

답 _____

3

덧셈과 뺄셈

개념별 유형

개념 10 뺄셈 알아보기

1. 그림을 보고 뺄셈 이야기 만들기

나무에 달린 사과 **5**개 중에서 **3**개를 땄더니 사과 **2**개가 남았습니다.

2. 뺄셈식을 쓰고 읽기

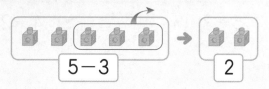

 빼기는 ―로,
같다는 =로
나타내.

뺄셈식

$5-3=2$

읽기

5 빼기 3은 2와 **같습니다.**
5와 3의 **차는** 2입니다.

▶ 개념 동영상

1 그림을 보고 알맞은 뺄셈식에 ○표 하세요.

$5-2=3$ $4-2=2$
(   )   (   )

2 그림을 보고 □ 안에 알맞은 수를 써넣으세요.

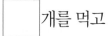

참치 캔 **6**개가 있었는데 □개를 먹고

남은 참치 캔은 □개입니다.

3 알맞은 것끼리 이어 보세요.

   · · $3-2=1$

   · · $6-2=4$

문제 해결

4 그림을 보고 뺄셈식을 쓰고 읽어 보세요.

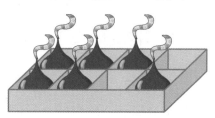

뺄셈식 _____

읽기 _____

개념 **11** 뺄셈하기 (1)→가르기로 뺄셈하기

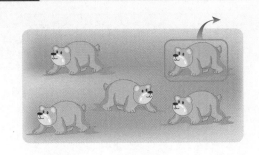

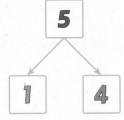

5는 **1**과 **4**로 가르기할 수 있으므로 **1**마리를 빼고 남은 곰의 수는 **5−1=4**입니다.

▶ 개념 동영상

[5~6] 그림을 보고 빈 곳에 알맞은 수를 써넣으세요.

5

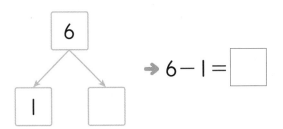

→ 6−1=

6

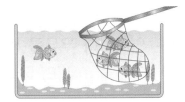

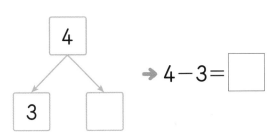

→ 4−3=

[7~8] 가르기를 이용하여 뺄셈을 하세요.

7

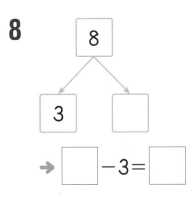

→ ☐ −2= ☐

8

8
3 ☐

→ ☐ −3= ☐

😊 실생활 연결

9 초콜릿 **7**개를 영지와 미나가 나누어 가지려고 합니다. 영지가 **4**개를 가질 때 미나는 몇 개를 가지는지 가르기를 하고, 뺄셈식을 만들어 답을 구하세요.

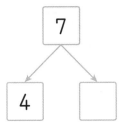

뺄셈식 _____

답 _____

3

덧셈과 뺄셈

71

개념별 유형

개념 12 뺄셈하기 (2)─ 그림을 그려서 뺄셈하기

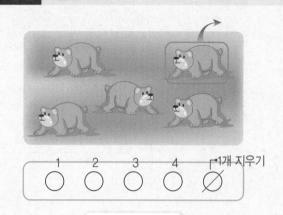

곰 5마리 중 1마리를 뺐으므로 ○ 5개에서 1개를 /으로 지우고 하나씩 세면 1, 2, 3, 4이므로 남은 곰은 4마리입니다.

▶ 개념 동영상

[10~11] 그림을 그려 뺄셈을 하세요.

10

$6-2=\boxed{}$

11

$9-6=\boxed{}$

[12~13] 그림을 보고 알맞은 뺄셈식을 쓰세요.

12

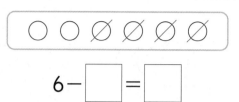

$6-\boxed{}=\boxed{}$

13

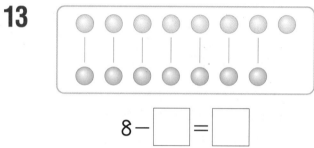

$8-\boxed{}=\boxed{}$

14 알맞은 것끼리 이어 보세요.

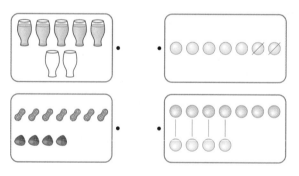

🖊 문제 해결

15 하루에 우유를 정후는 5컵, 연아는 3컵을 마십니다. 정후는 연아보다 우유를 몇 컵 더 많이 마시는지 그림을 그리고, 답을 구하세요.

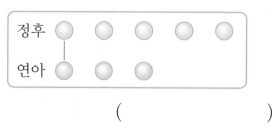

(   )

개념13 그림을 보고 뺄셈 문제 해결하기

감이 4개, 사과가 2개이므로 감이 사과보다
2개 더 많습니다.

➡ 4−2=2

16 그림을 보고 뺄셈식을 바르게 만든 것에
◯표 하세요.

9−4=5	8−4=4

  (   )   (   )

17 그림에 알맞은 뺄셈식을 찾아 이어 보고,
이은 식을 계산해 보세요.

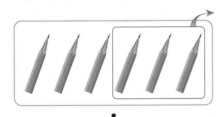

•

•   •

6−3=☐   6−4=☐

[18~19] 그림을 보고 뺄셈식을 만들어 보세요.

여학생   여학생

18 남학생 수를 구하는 뺄셈식을 만들어 보세요.

7−☐=☐

19 모자를 쓰지 <u>않은</u> 학생 수를 구하는 뺄셈
식을 만들어 보세요.

☐−☐=☐

🖍 **문제 해결**

20 그림을 보고 풍선을 들고 있지 <u>않은</u> 사람은
몇 명인지 뺄셈식을 쓰고 답을 구하세요.

뺄셈식 _____

답 _____

개념별 유형

개념14 0이 있는 덧셈과 뺄셈

1. 0이 있는 덧셈

예

$$0+2=2 \qquad 2+0=2$$

> **0**+(어떤 수)=(어떤 수)
> (어떤 수)+**0**=(어떤 수)

2. 0이 있는 뺄셈

예
 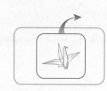

$$1-0=1 \qquad 1-1=0$$

> (어떤 수)−**0**=(어떤 수)
> (어떤 수)−(어떤 수)=**0**
> └(전체)−(전체)=0

참고 0은 아무것도 없는 것이므로

0을 더하거나 0을 빼도 항상 그대로입니다.

▶ 개념 동영상

21 그림을 보고 덧셈을 하세요.

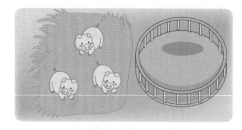

$$3+0=\boxed{}$$

[22~23] 양쪽 점의 수의 합을 구하는 덧셈식을 쓰세요.

22 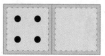 **23**

$$4+\boxed{}=\boxed{} \qquad \boxed{}+3=\boxed{}$$

[24~25] 계산해 보세요.

24 $6-6=\boxed{}$ **25** $8-0=\boxed{}$

26 그림과 어울리는 식을 찾아 이어 보세요.

 ・ ・ $5+0=5$

 ・ ・ $0+2=2$

문제 해결

27 그림을 보고 호수에 남은 백조는 몇 마리인지 뺄셈식을 쓰고 답을 구하세요.

　호수

뺄셈식 _____

답 _____

개념 **15** 덧셈식과 뺄셈식에서 규칙 찾기

1. 덧셈식에서 규칙 찾기

$$5+1=6$$
$$5+2=7$$
$$5+3=8$$

1씩 커짐.   1씩 커짐.

> 더하는 수가 **1**씩 커지면
> 합도 **1**씩 커집니다.

2. 뺄셈식에서 규칙 찾기

$$5-1=4$$
$$5-2=3$$
$$5-3=2$$

1씩 커짐.   1씩 작아짐.

> 빼는 수가 **1**씩 커지면
> 차는 **1**씩 작아집니다.

▶ 개념 동영상

---

28 덧셈을 하세요.

$3+1=\square$ $3+4=\square$

$3+2=\square$ $3+5=\square$

$3+3=\square$ $3+6=\square$

29 뺄셈을 하세요.

$7-1=\square$ $7-4=\square$

$7-2=\square$ $7-5=\square$

$7-3=\square$ $7-6=\square$

[30~31] 덧셈식을 보고 물음에 답하세요.

$2+1=\square$ $2+4=\square$

$2+2=\square$ $2+5=\square$

$2+3=\square$ $2+6=\square$

30 □ 안에 알맞은 수를 써넣으세요.

🔍 정보처리

31 식을 보고 바르게 설명한 것의 기호를 쓰
세요.

> ㉠ 더하는 수가 **1**씩 커지면 합은 **1**씩
> 작아집니다.
> ㉡ 더하는 수가 **1**씩 커지면 합도 **1**씩
> 커집니다.

(   )

[32~33] 뺄셈식을 보고 물음에 답하세요.

$6-6=\square$ $6-3=\square$

$6-5=\square$ $6-2=\square$

$6-4=\square$ $6-1=\square$

32 □ 안에 알맞은 수를 써넣으세요.

33 파란색으로 칠해진 수를 보고 무엇을 알
수 있는지 알맞은 말에 ○표 하세요.

> 파란색으로 칠해진 수가 **1**씩 작아지므로
> 차는 **1**씩 (커집니다 , 작아집니다).

개념별 유형

개념 16 ▸ 계산한 결과가 ■인 덧셈식과 뺄셈식

1. 합이 4가 되는 덧셈식 만들기

$0+4, 1+3, 2+2, 3+1, 4+0$

2. 차가 7이 되는 뺄셈식 만들기

$7-0, 8-1, 9-2, \ldots$

34 합이 5인 식에 모두 ○표 하세요.

$2+4$	$3+2$	$0+5$

(   ) (   ) (   )

35 차가 6인 식을 말한 사람을 찾아 이름을 쓰세요.

$8-3$ $7-1$ $9-2$

지유   도윤   하린

(   )

36 계산한 값이 9인 식에 모두 색칠해 보세요.

$2+6$	$6-3$	$0+9$
$9-0$	$3+6$	$8-1$

37 □ 안에 알맞은 수를 써넣고, 합이 8인 것에 색칠해 보세요.

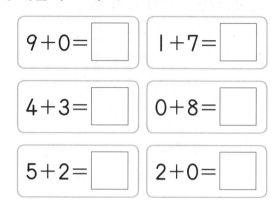

$9+0=\boxed{}$ $1+7=\boxed{}$

$4+3=\boxed{}$ $0+8=\boxed{}$

$5+2=\boxed{}$ $2+0=\boxed{}$

38 계산한 결과가 7이 되도록 □ 안에 알맞은 수를 써넣으세요.

$\boxed{}+\boxed{}=7$

$\boxed{}-\boxed{}=7$

39 차가 2가 되는 뺄셈식을 쓰려고 합니다. □ 안에 알맞은 수를 써넣으세요.

$9-\boxed{}=2$ $6-\boxed{}=2$

$8-\boxed{}=2$ $5-\boxed{}=2$

$7-\boxed{}=2$ $4-\boxed{}=2$

⚡ 추론

40 □ 안에 알맞은 수를 써넣고, 계산한 결과가 □가 되는 뺄셈식을 한 가지 만들어 보세요.

$2+1=\boxed{}$

뺄셈식

10 ~ 16 형성 평가

공부한 날　　　　월　　　　일

1 그림을 보고 ☐ 안에 알맞은 수나 말을 써넣으세요.

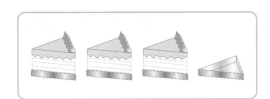

뺄셈식 　$4-1=$ ☐

읽기 　4와 1의 ☐ 은/는 ☐ 입니다.

2 가르기를 이용하여 뺄셈을 하세요.

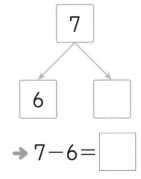

7

6 ☐

➜ $7-6=$ ☐

3 그림을 보고 /으로 지워 뺄셈을 하세요.

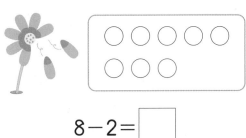

$8-2=$ ☐

4 덧셈과 뺄셈을 하세요.

(1) $0+3=$ ☐

(2) $5-5=$ ☐

5 합이 6인 식을 찾아 모두 색칠해 보세요.

5+2	0+7	1+5
6+0	2+3	4+1

6 의자에 앉아 있는 학생은 서 있는 학생보다 몇 명 더 많은지 구하는 뺄셈식을 만들어 보세요.

☐ $-$ ☐ $=$ ☐

7 연아는 사과 9조각 중에서 4조각을 먹었습니다. 먹고 남은 사과는 몇 조각인지 뺄셈식을 쓰고 답을 구하세요.

뺄셈식 _____

답 _____

꼬리를 무는 유형

1 세 수를 이용하여 식 만들기

1 기본

세 수를 모두 이용하여 덧셈식을 쓰세요.

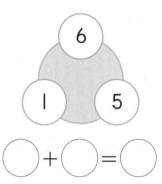

◯ + ◯ = ◯

2 변형

세 수를 모두 이용하여 뺄셈식을 쓰세요.

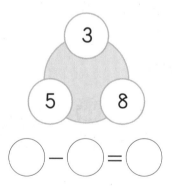

◯ − ◯ = ◯

3 변형

세 수 3, 7, 4를 수 카드에 각각 한 번씩 써넣어 덧셈식과 뺄셈식을 완성해 보세요.

2 어떤 수 구하기

4 기본

□ 안에 알맞은 수를 써넣으세요.

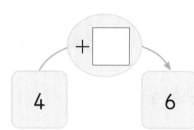

5 변형

□ 안에 알맞은 수를 써넣으세요.

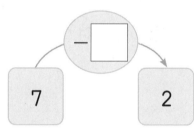

6 변형

6에 어떤 수를 더했더니 7이 되었습니다. 어떤 수를 구하세요.

( )

7 실생활

바구니에 귤 8개가 있었습니다. 귤 몇 개를 먹었더니 바구니에 귤이 5개 남았습니다. 먹은 귤은 몇 개인가요?

( )

3 계산 결과가 같은 식 만들기

8 토끼와 합이 같은 덧셈식을 쓰세요.
기본

$4+2=6$ $3+\boxed{}=\boxed{}$

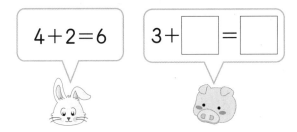

9 강아지와 차가 같은 뺄셈식을 쓰세요.
변형

$6-4=2$ $5-\boxed{}=\boxed{}$

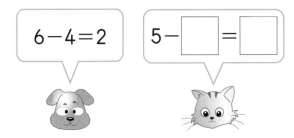

10 두 식은 계산 결과가 같습니다. □ 안에
변형 알맞은 수를 써넣으세요.

$3+1=\boxed{}$ $9-\boxed{}=\boxed{}$

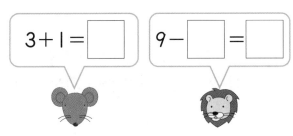

4 $+$, $-$ 기호 넣기

11 ○ 안에 $+$, $-$를 알맞게 써넣으세요.
기본

$3\bigcirc 2=1$

12 ○ 안에 $+$, $-$를 알맞게 써넣으세요.
변형

$4\bigcirc 1=5$

13 ○ 안에 $+$를 써도 되고 $-$를 써도 되는
변형 것의 기호를 쓰세요.

㉠ $3\bigcirc 3=0$

㉡ $5\bigcirc 0=5$

(   )

5 수를 여러 번 가르기(모으기)

알 수 있는 수부터 차례로 구합니다.

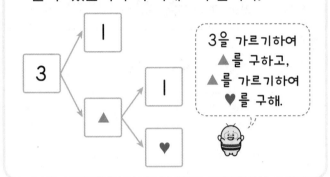

3을 가르기하여 ▲를 구하고, ▲를 가르기하여 ♥를 구해.

14 수를 가르기하여 빈칸에 알맞은 수를 써넣으세요.
실력

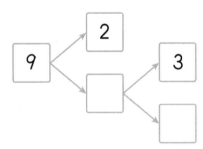

15 수를 모으기하여 빈칸에 알맞은 수를 써넣으세요.
변형

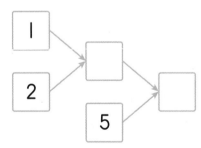

16 ㉠과 ㉡에 알맞은 수를 모으기해 보세요.
레벨업

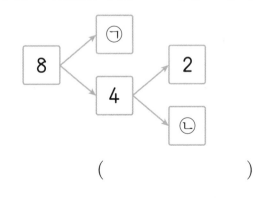

( )

6 합이 가장 큰(작은) 덧셈식 만들기

1. 합이 가장 큰 덧셈식
   ➡ (가장 큰 수)+(둘째로 큰 수)

2. 합이 가장 작은 덧셈식
   ➡ (가장 작은 수)+(둘째로 작은 수)

17 3장의 수 카드 중 2장을 골라 합이 가장 큰 덧셈식을 만들어 계산해 보세요.
실력

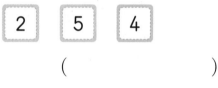

( )

18 3장의 수 카드 중 2장을 골라 합이 가장 작은 덧셈식을 만들어 계산해 보세요.
변형

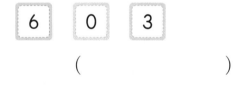

( )

19 4장의 수 카드 중 2장을 골라 합이 가장 큰 덧셈식을 만들어 계산해 보세요.
레벨업

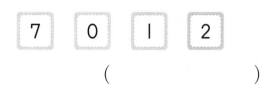

( )

7 덧셈과 뺄셈 활용하기

'~더 많이, 모두, 합하여'라는 내용이 있을 때
➜ 덧셈식을 만든다.

‒‒‒‒‒‒‒‒‒‒‒‒‒‒‒‒‒‒‒‒‒‒‒‒‒‒‒‒‒‒

'~더 적게, 남은, 차는 얼마'라는 내용이 있을 때
➜ 뺄셈식을 만든다.

20
실력

소희는 빨간색 색종이를 3장, 파란색 색종이를 4장 가지고 있습니다. 소희가 가지고 있는 색종이는 모두 몇 장인가요?

식 _____

답 _____

21
변형

접시에 꿀떡이 8개 있습니다. 선운이가 꿀떡 2개를 먹었다면 남은 꿀떡은 몇 개인가요?

식 _____

답 _____

22
레벨업

연수는 딱지를 2개 접었고, 서우는 딱지를 연수보다 1개 더 많이 접었습니다. 연수와 서우가 접은 딱지는 모두 몇 개인가요?

(   )

8 나누어 가지는 방법 수 알아보기

예 초콜릿 4개를 지우와 영주가 나누어 가지는 방법 알아보기 (단, 두 사람이 적어도 한 개씩은 가집니다.)

① 4를 가능한 경우로 가르기
➜ (1, 3), (2, 2), (3, 1) → 적어도 한 개씩 가지므로 (0, 4), (4, 0)인 경우는 제외합니다.
② 나누어 가지는 방법 수
➜ 3가지

23
실력

연필 6자루를 희수와 성재가 나누어 가지려고 합니다. 나누어 가지는 방법은 모두 몇 가지인가요? (단, 두 사람이 적어도 한 자루씩은 가집니다.)

(   )

24
변형

블록 7개를 시혁이와 선미가 나누어 가지려고 합니다. 시혁이가 선미보다 블록을 더 많이 가지는 방법은 모두 몇 가지인가요? (단, 두 사람이 적어도 한 개씩은 가집니다.)

(   )

25
레벨업

구슬 9개를 나래와 태희가 나누어 가지려고 합니다. 나래가 태희보다 5개 더 많이 가진다면 나래가 가진 구슬은 몇 개인가요?

(   )

3

덧셈과 뺄셈

81

수학 독해력 유형

독해력 유형 1 사용한 모양의 수의 차 구하기

✎ 구하려는 것에 밑줄을 긋고 풀어 보세요.

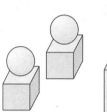 모양은 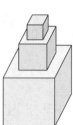 모양보다 몇 개 더 많은지 구하세요.

↑ 해결 비법

몇 개 더 많은지

↓

큰 수에서 작은 수를 빼는 뺄셈을 이용하자.

💡 **문제 해결**

❶ ⬜ 모양의 개수: ☐ 개

❷ ⚫ 모양의 개수: ☐ 개

❸ ⬜ 모양과 ⚫ 모양의 개수의 차 구하기:

5— ☐ = ☐ (개)

답 _____

쌍둥이 유형 1-1

✎ 위의 문제 해결 방법을 따라 풀어 보세요.

⬜ 모양은 ⬜ 모양보다 몇 개 더 많은지 구하세요.

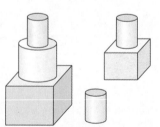

따라 풀기 ❶

❷

❸

답 _____

공부한 날   월   일

독해력 유형 ② 덧셈과 뺄셈의 활용

✎ 구하려는 것에 밑줄을 긋고 풀어 보세요.

현우는 우유를 6컵 마셨고, 희주는 우유를 현우보다 3컵 더 적게 마셨습니다. 현우와 희주가 마신 우유는 모두 몇 컵인지 구하세요.

🕯 해결 비법

현우가 마신 우유의 양 — 3컵 더 적게 -3 → 희주가 마신 우유의 양

모두 $+$

↓

현우와 희주가 마신 우유의 양

💡 문제 해결

❶ (희주가 마신 우유의 양)＝6－☐＝☐(컵)

❷ (현우와 희주가 마신 우유의 양)＝6＋☐＝☐(컵)

답 _____

3

덧셈과 뺄셈

✎ 위의 문제 해결 방법을 따라 풀어 보세요.

쌍둥이 유형 2-1

민혁이는 딸기를 5개 먹었고, 유빈이는 민혁이보다 딸기를 2개 더 적게 먹었습니다. 민혁이와 유빈이가 먹은 딸기는 모두 몇 개인지 구하세요.

따라 풀기 ❶

❷

답 _____

수학 독해력 유형

독해력 유형 ③ 합이 같음을 이용해 모르는 수 구하기

🖎 구하려는 것에 밑줄을 긋고 풀어 보세요.

민희와 경수가 과녁 맞히기 놀이를 하여 각각 다음과 같이 맞혔습니다. 맞힌 점수의 합이 같다면 경수는 남은 화살 하나로 몇 점짜리 과녁을 맞혔나요?

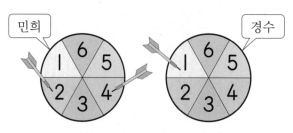

민희   경수

🕯 해결 비법

두 사람이 맞힌 점수의 합이 같음을 이용하여 식을 세웁니다.

예

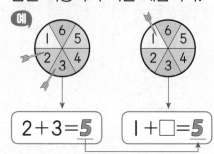

$2+3=\boxed{5}$ $1+\square=\boxed{5}$

💡 문제 해결

❶ (민희가 맞힌 점수의 합)$=2+4=\boxed{}$(점)

❷ 경수가 남은 화살 하나로 맞힌 점수를 ■라 하면

(경수가 맞힌 점수의 합)$=1+■=\boxed{}$(점)

❸ 경수가 남은 화살 하나로 맞힌 점수 구하기:

$1+\boxed{}=6 ➡ ■=\boxed{}$점

답 _____

3
덧셈과 뺄셈

쌍둥이 유형 3-1

🖎 위의 문제 해결 방법을 따라 풀어 보세요.

각자 가지고 있는 수 카드에 적힌 두 수의 합은 같습니다. 서하가 가지고 있는 뒤집힌 카드에 적힌 수는 얼마인가요?

민재의 수 카드	서하의 수 카드
1 8	6 ▨

따라 풀기 ❶

❷

❸

답 _____

독해력 유형 4 바르게 계산한 값 구하기

✎ 구하려는 것에 밑줄을 긋고 풀어 보세요.

어떤 수에서 3을 빼야 할 것을 잘못하여 더했더니 7이 되었습니다. 바르게 계산하면 얼마인 가요?

🔦 **해결 비법**

먼저 식을 세워 어떤 수를 구합니다.

예 어떤 수에서 2를 빼야 할 것을 □

잘못하여 더했더니 +2

5가 되었습니다. =5

➜ 잘못 계산한 식: □+2=5

💡 **문제 해결**

❶ 어떤 수를 ■라 하여 잘못 계산한 식 만들기:

■ + □ = □

❷ 어떤 수 구하기: □ +3=7 ➜ ■ = □

❸ 바르게 계산한 값: □ −3= □

답 _____

3

덧셈과 뺄셈

✎ 위의 문제 해결 방법을 따라 풀어 보세요.

쌍둥이 유형 4-1

어떤 수에서 2를 빼야 할 것을 잘못하여 더했더니 8이 되었습니다. 바르게 계산하면 얼 마인가요?

따라 풀기 ❶

❷

❸

답 _____

[1~2] 그림을 보고 빈 곳에 알맞은 수를 써넣으세요.

1

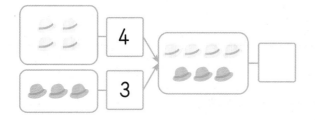

2

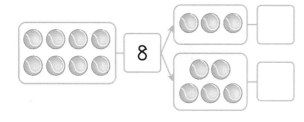

3 그림을 보고 알맞은 뺄셈식을 쓰고 읽어 보세요.

뺄셈식 $5-1=$ ☐

읽기 5 빼기 ☐ 은/는 ☐ 와/과 같습니다.

[4~5] 모으기와 가르기를 이용하여 덧셈 또는 뺄셈을 하세요.

4

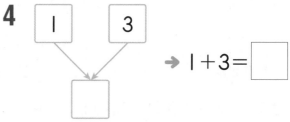

➜ $1+3=$ ☐

5

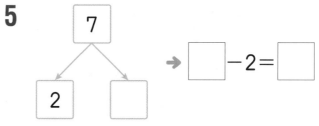

➜ ☐ $-2=$ ☐

6 그림을 보고 알맞은 덧셈식을 쓰세요.

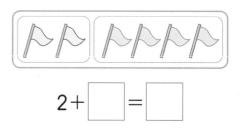

$2+$ ☐ $=$ ☐

7 그림을 보고 알맞은 뺄셈식을 쓰세요.

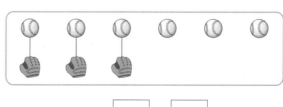

$6-$ ☐ $=$ ☐

8 그림을 보고 □ 안에 알맞은 수를 써넣으세요.

흰색 토끼가 **3**마리 있고, 회색 토끼가 □ 마리 있으므로 토끼는 모두 □ 마리입니다.

➜ 3 + □ = □

9 합이 같은 것끼리 이어 보세요.

1+4 ·   · 7+2

2+7 ·   · 4+1

10 보기와 같이 덧셈식을 쓰세요.

보기

0+6=6

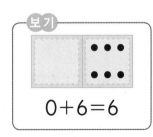

□ + □ = □

11 차가 5인 뺄셈식에 모두 ○표 하세요.

| 6-1 | 9-3 | 7-2 |

(   ) (   ) (   )

⚡ 추론

12 ○ 안에 +, −를 알맞게 써넣으세요.

(1)
5 ○ 3 = 2

(2)
2 ○ 6 = 8

📏 문제 해결

13 그림을 보고 덧셈식을 만들어 보세요.

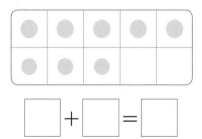

□ + □ = □

14 계산 결과가 같은 것에 색칠해 보세요.

5+2	9-4	3+6
7-3	4+4	8-1

15 은주는 사탕 7개 중에서 3개를 먹었습니다. 남은 사탕은 몇 개인가요?

식 _____

답 _____

16 어항 안에 빨간색 물고기가 2마리, 노란색 물고기가 4마리 있습니다. 빨간색 물고기와 노란색 물고기는 모두 몇 마리인가요?

식 _____

답 _____

17 ○ 안에 +를 써도 되고 −를 써도 되는 것의 기호를 쓰세요.

⊙ 2 ◯ 2 = 0
⊙ 6 ◯ 0 = 6

(   )

18 계산 결과가 가장 작은 것을 찾아 기호를 쓰세요.

⊙ 3+3   ⊙ 9−2   ⊙ 0+8

(   )

19 ⊙과 ⊙에 알맞은 수를 각각 구하세요.

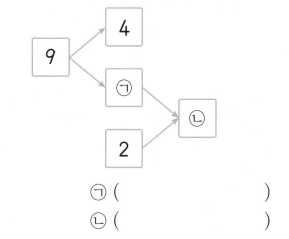

⊙ (   )
⊙ (   )

20 체육관에 남학생이 4명, 여학생이 1명 있습니다. 여학생이 3명 더 왔다면 지금 체육관에 있는 학생은 모두 몇 명인가요?

(   )

정보처리

21 뽑기 기계 안에 있는 구슬을 뽑으면 규칙에 따라 계산되어 나옵니다. 구슬을 모두 뽑았을 때 어떤 수가 나오는지 같은 색 구슬에 쓰세요.

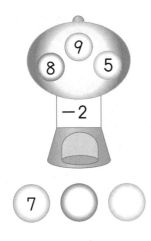

22 색연필 8자루를 혜주와 민규가 나누어 가지려고 합니다. 나누어 가지는 방법은 모두 몇 가지인가요? (단, 두 사람이 적어도 한 자루씩은 가집니다.)

(   )

23 은수는 캐릭터 카드를 5장 가지고 있고, 현선이는 은수보다 3장 더 적게 가지고 있습니다. 은수와 현선이가 가지고 있는 캐릭터 카드는 모두 몇 장인가요?

(   )

24 각자 가지고 있는 수 카드에 적힌 두 수의 합은 같습니다. 진주가 가지고 있는 뒤집힌 카드에 적힌 수는 얼마인가요?

우재의 수 카드	진주의 수 카드
6 1	5 ▨

(   )

서술형

25 3장의 수 카드 중 2장을 골라 합이 가장 큰 덧셈식을 만들어 계산하려고 합니다. 풀이 과정을 쓰고 답을 구하세요.

3   6   1

풀이

답

4 비교하기

캠핑 나라에서 비교하기를 배워 볼 거예요. 우리 함께 한 칸씩 통과해 가면서 이번 단원에서 배울 내용을 알아보도록 해요.

다시 시작해요.

먼저 잠 잘 곳을 준비해 놓는 것이 좋아요.

도착해서 먼저 텐트를 쳐야 해. 아니오 / 예

더 긴 침낭에 ○표 해 봐.

앉아 있는 모든 사람을 일어나게 하는 숫자는?

다섯

풀이 너무 우거진 곳은 피하세요!! 진드기 조심!

개념별 유형

개념 1 두 가지 물건의 길이 비교하기

연필 더 길다

지우개 더 짧다

한쪽 끝을 맞추어
다른 쪽 끝을 비교합니다.

→ ┌ 연필은 지우개보다 더 깁니다.
  └ 지우개는 연필보다 더 짧습니다.

두 가지 물건의 길이를 비교할 때에는
'더 길다', '더 짧다'로 나타내.

▶ 개념 동영상

1 더 긴 것에 ○표 하세요.

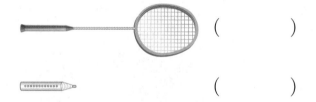

(   )

(   )

2 그림을 보고 알맞은 말에 ○표 하세요.

풀

가위

(1) 풀은 가위보다 더

(깁니다 , 짧습니다).

(2) 가위는 풀보다 더

(깁니다 , 짧습니다).

3 관계있는 것끼리 이어 보세요.

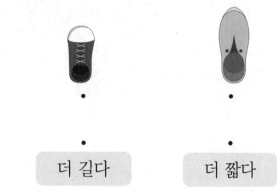

·   ·

·   ·

더 길다   더 짧다

4 점선을 따라 그리고 더 긴 것의 기호를 쓰세요.

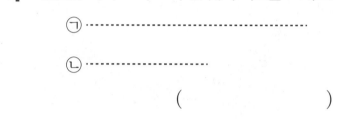

(   )

5 그림을 보고 □ 안에 알맞은 말을 써넣으세요.

숟가락

포크

□ 은/는 □ 보다 더 짧습니다.

⚡ 추론

6 더 긴 것의 기호를 쓰세요.

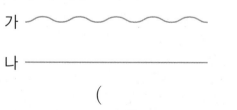

가

나

(   )

7 크레파스보다 더 짧은 것을 모두 찾아
△표 하세요.

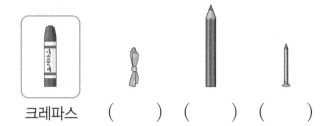

크레파스　　(　　) (　　) (　　)

9 그림을 보고 알맞은 말에 ○표 하세요.

지팡이
시계
망치

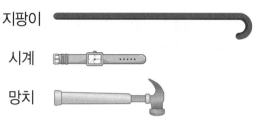

⑴ 시계가 가장 (깁니다 , 짧습니다).

⑵ 지팡이가 가장 (깁니다 , 짧습니다).

개념 2 세 가지 물건의 길이 비교하기

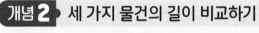

기차　　　　　　　　　　　　가장 길다

버스

택시　　　　　　　　　　　　가장 짧다

➡ ⌈ 기차가 가장 깁니다.
　 ⌊ 택시가 가장 짧습니다.

세 가지 물건의 길이를 비교할 때에는
'가장 길다', '가장 짧다'로 나타내.

▶ 개념 동영상

10 그림을 보고 알맞은 말에 ○표 하세요.

→빨간색
→파란색
→초록색

(빨간색 , 파란색 , 초록색) 테이프가
가장 짧습니다.

8 가장 긴 것에 ○표 하세요.

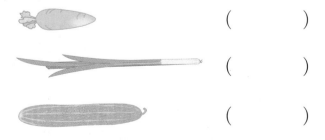

(　　)

(　　)

(　　)

11 가장 길게 연결한 블록을 찾아 기호를 쓰
세요.

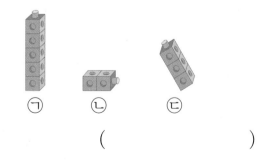

ⓐ　　　　ⓑ　　　　ⓒ

(　　　　　)

개념 3 키 비교하기

더 크다   더 작다

• 두 사람의 키를 비교할 때에는
  '**더 크다**', '더 작다'로 나타냅니다.
• 여러 사람의 키를 비교할 때에는
  '**가장 크다**', '가장 작다'로 나타냅니다.

▶개념 동영상

12 그림을 보고 알맞은 말에 ○표 하세요.

승아   예빈

(1) 승아는 예빈이보다 키가 더
(큽니다 , 작습니다).

(2) 예빈이는 승아보다 키가 더
(큽니다 , 작습니다).

13 키가 가장 큰 동물에 ○표, 가장 작은 동물
에 △표 하세요.

(　　) (　　) (　　)

개념 4 높이 비교하기

더 높다   더 낮다

• 두 가지 물건의 높이를 비교할 때에는
  '**더 높다**', '더 낮다'로 나타냅니다.
• 여러 가지 물건의 높이를 비교할 때에
  는 '**가장 높다**', '가장 낮다'로 나타냅
  니다.

▶개념 동영상

14 더 높은 것에 ○표 하세요.

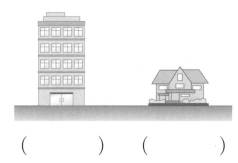

(　　　)   (　　　)

15 가장 높은 것과 가장 낮은 것을 찾아 차례
로 쓰세요.

나무   의자   농구대

가장 높은 것 (　　　　　　　)

가장 낮은 것 (　　　　　　　)

개념 5 ▶ 두 가지 물건의 무게 비교하기

냉장고   풍선

더 무겁다   더 가볍다

→ ┌ 냉장고는 풍선보다 더 무겁습니다.
　 └ 풍선은 냉장고보다 더 가볍습니다.

 두 가지 물건의 무게를 비교할 때에는 '더 무겁다', '더 가볍다'로 나타내.

▶ 개념 동영상

16 더 무거운 것에 ○표 하세요.

농구공   클립

(　　　)   (　　　)

17 그림을 보고 알맞은 말에 ○표 하세요.

탁구공   야구공

(1) 저울에서 위로 올라간 것은

(탁구공 , 야구공)입니다.

(2) 탁구공은 야구공보다 더

(무겁습니다 , 가볍습니다).

18 관계있는 것끼리 이어 보세요.

•　　　　　•

•　　　　　•

더 가볍다   더 무겁다

😀 의사소통

19 그림을 보고 □ 안에 알맞은 말을 써넣으세요.

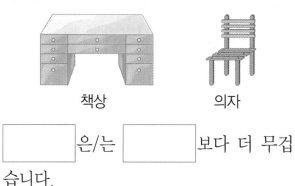

책상   의자

□□□ 은/는 □□□ 보다 더 무겁습니다.

⚡ 추론

20 □ 안에 들어갈 수 있는 쌓기나무의 기호를 쓰세요.

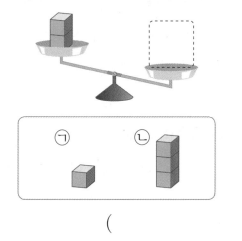

ㄱ   ㄴ

(　　　　　　　　)

4
비교하기

95

개념별 유형

개념 6 세 가지 물건의 무게 비교하기

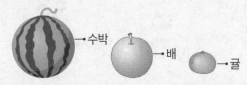

→수박   배→   →귤

가장 무겁다   가장 가볍다

→ 수박이 가장 무겁습니다.
  귤이 가장 가볍습니다.

 세 가지 물건의 무게를 비교할 때에는 '가장 무겁다', '가장 가볍다'로 나타내.

▶개념 동영상

21 가장 무거운 것에 ○표 하세요.

→텔레비전

   동화책

(   )   (   )   (   )

22 그림을 보고 알맞은 말에 ○표 하세요.

오토바이   자전거   트럭

(1) 자전거가 가장

(무겁습니다 , 가볍습니다).

(2) 트럭이 가장

(무겁습니다 , 가볍습니다).

23 관계있는 것끼리 이어 보세요.

•   •   •

•   •

가장 가볍다   가장 무겁다

24 무거운 것부터 순서대로 1, 2, 3을 쓰세요.

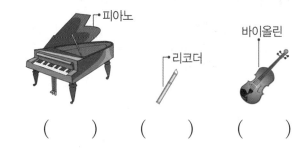

→피아노   →리코더   바이올린→

(   )   (   )   (   )

 추론

25 병에 들어 있는 구슬은 한 개의 무게가 모두 같습니다. 가장 무거운 병을 찾아 기호를 쓰세요.

ㄱ   ㄴ   ㄷ

(   )

1~6 형성 평가

1 더 짧은 것은 무엇인지 쓰세요.

붓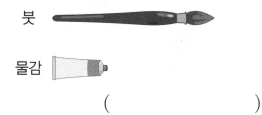

물감

(   )

2 더 가벼운 것은 무엇인지 쓰세요.

사탕   케이크

(   )

3 더 높은 것의 기호를 쓰세요.

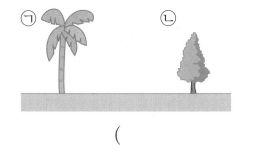

(   )

4 꼬리가 더 긴 원숭이의 기호를 쓰세요.

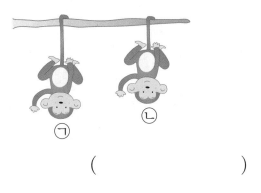

(   )

5 동물원에 들어가려고 두 줄로 서 있습니다. 더 긴 줄의 기호를 쓰세요.

(   )

6 가장 긴 것을 찾아 기호를 쓰세요.

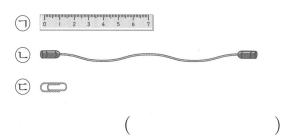

(   )

7 가장 무거운 동물을 찾아 쓰세요.

토끼   코끼리   병아리

(   )

8 키가 가장 큰 사람을 찾아 이름을 쓰세요.

지연   수영   미혜

(   )

비교하기

97

개념 7 두 가지 물건의 넓이 비교하기

→ 칠판

수첩 ← 수첩

더 넓다   더 좁다

➡ ┌ 칠판은 수첩보다 더 넓습니다.
  └ 수첩은 칠판보다 더 좁습니다.

두 물건의 넓이를 비교할 때에는
'더 넓다', '더 좁다'로 나타내.

▶ 개념 동영상

4 비교하기

98

1 더 넓은 것에 ○표 하세요.

 스케치북

공책

(   )   (   )

2 그림을 보고 알맞은 말에 ○표 하세요.

가    나

(1) 가는 나보다 더

(넓습니다 , 좁습니다).

(2) 나는 가보다 더

(넓습니다 , 좁습니다).

3 관계있는 것끼리 이어 보세요.

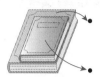

· 더 넓다

· 더 좁다

4 더 넓은 것에 색칠해 보세요.

5 주어진 ⬤ 모양보다 더 넓은 ◯ 모양을 빈 곳에 그려 보세요.

🔍 정보처리

6 액자보다 더 좁은 것에 △표 하세요.

액자   (   )   (   )

7 그림을 보고 □ 안에 알맞은 말을 써넣으세요.

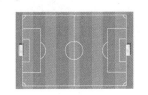

축구장

농구장

□ 은 □ 보다

더 넓습니다.

개념8 세 가지 물건의 넓이 비교하기

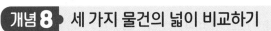

가장 넓다   가장 좁다

→ ┌ 달력이 가장 넓습니다.
   └ 지우개가 가장 좁습니다.

세 가지 물건의 넓이를 비교할 때에는
'가장 넓다', '가장 좁다'로 나타내.

▶ 개념 동영상

8 가장 넓은 것에 ○표 하세요.

(   )   (   )   (   )

9 그림을 보고 알맞은 말에 ○표 하세요.

 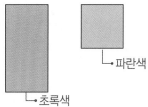

└ 빨간색   └ 초록색   └ 파란색

(1) (빨간색 , 초록색 , 파란색) 종이가
    가장 넓습니다.

(2) (빨간색 , 초록색 , 파란색) 종이가
    가장 좁습니다.

10 가장 넓은 접시를 찾아 기호를 쓰세요.

ㄱ   ㄴ   ㄷ

(   )

🔵 실생활 연결

11 가장 좁은 창문을 찾아 기호를 쓰세요.

(   )

4

비교하기

99

개념 9 담을 수 있는 양 비교하기

더 많다   더 적다

- 두 가지 물건에 담을 수 있는 양을 비교할 때에는 '더 많다', '더 적다'로 나타냅니다.
- 여러 가지 물건에 담을 수 있는 양을 비교할 때에는 '가장 많다', '가장 적다'로 나타냅니다.

 담을 수 있는 양을 비교할 때에는 그릇의 크기를 비교해.

▶ 개념 동영상

12 담을 수 있는 양이 더 많은 것에 ◯표 하세요.

( )   ( )

13 담을 수 있는 양이 가장 적은 것에 △표 하세요.

( )   ( )   ( )

14 그림을 보고 알맞은 말에 ◯표 하세요.

컵   주전자

⑴ 컵은 주전자보다 담을 수 있는 양이 더 (많습니다 , 적습니다).

⑵ 주전자는 컵보다 담을 수 있는 양이 더 (많습니다 , 적습니다).

15 관계있는 것끼리 이어 보세요.

•   •   •

•   •

가장 많다   가장 적다

🔍 정보처리

16 보기의 컵보다 담을 수 있는 양이 더 많은 컵의 기호를 쓰세요.

보기
    가   나

( )

개념 10 ▸ 담긴 양 비교하기

• 그릇의 모양과 크기가 같을 때 담긴 양 비교하기

더 많다   더 적다

➡ 물의 높이가 높을수록 담긴 양이 더 많습니다.

• 그릇의 모양과 크기가 다르고, 물의 높이가 같을 때 담긴 양 비교하기

더 많다   더 적다

➡ 그릇의 크기가 클수록 담긴 양이 더 많습니다.

▶ 개념 동영상

17 담긴 물의 양이 더 많은 것에 ○표 하세요.

(   )   (   )

18 담긴 물의 양이 가장 적은 것에 △표 하세요.

(   )   (   )   (   )

19 그림을 보고 알맞은 말에 ○표 하세요.

가    나

가는 나보다 담긴 물의 양이 더

(많습니다 , 적습니다).

20 그림을 보고 □ 안에 알맞은 기호를 써넣으세요.

가   나

□ 는 □ 보다 담긴 물의 양이 더 많습니다.

21 담긴 물의 양이 가장 많은 것에 ○표, 가장 적은 것에 △표 하세요.

(   )   (   )   (   )

🖊 문제 해결

22 가에 담긴 물의 양이 가장 많게 그려 보세요.

가   나   다

개념별 유형

개념 11 ▶ 비교하는 말 알아보기

길이	길다, 짧다
무게	무겁다, 가볍다
넓이	넓다, 좁다
담을 수 있는 양	많다, 적다

[23~24] 보기 의 비교하는 말 중에서 □ 안에 알맞은 말을 찾아 써넣으세요.

보기
| 길다 | 무겁다 | 넓다 | 많다 |

23

사자   다람쥐

사자의 무게는 다람쥐의 무게보다 더

[   ] .

24

공책   색종이

공책의 넓이는 색종이의 넓이보다 더

[   ] .

[25~26] 보기 의 비교하는 말 중에서 □ 안에 알맞은 말을 찾아 써넣으세요.

보기
| 짧다 | 가볍다 | 좁다 | 적다 |

25 컵에 담을 수 있는 물의 양은 수영장에 담을 수 있는 물의 양보다 더 [   ] .

26 연필의 길이는 줄넘기의 길이보다 더

[   ] .

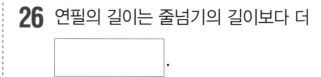 정보처리

27 무게를 비교할 때 쓰는 말로 바르게 짝 지어진 것의 기호를 쓰세요.

| ㉠ 크다, 작다 | ㉡ 무겁다, 가볍다 |

(   )

정보처리

28 길이를 비교할 때 쓰는 말로 바르게 짝 지어진 것의 기호를 쓰세요.

| ㉠ 길다, 짧다 | ㉡ 넓다, 좁다 |

(   )

7 ~ 11 형성 평가

1 더 넓은 것은 무엇인지 쓰세요.

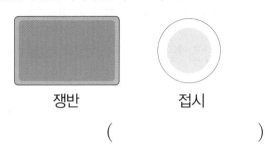

쟁반   접시

(   )

2 담을 수 있는 양이 더 적은 것은 무엇인지 쓰세요.

냄비   컵

(   )

3 담긴 물의 양이 더 많은 것의 기호를 쓰세요.

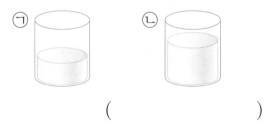

(   )

4 4명이 모두 앉을 수 있는 돗자리를 그려 보고, 더 넓은 돗자리에 ○표 하세요.

(   )   (   )

5 담을 수 있는 양이 가장 많은 것을 찾아 기호를 쓰세요.

(   )

6 가장 넓은 곳에 빨간색, 가장 좁은 곳에 파란색으로 색칠해 보세요.

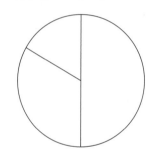

7 □ 안에 비교하는 말을 알맞게 써넣으세요.

길이	길다, 짧다
무게	무겁다,
넓이	넓다,
담을 수 있는 양	, 적다

4

비교하기

103

꼬리를 무는 유형

1 구부러진 선의 길이 비교하기

1 기본 더 긴 것에 ○표 하세요.

(   )

(   )

2 변형 줄의 길이가 더 긴 것의 기호를 쓰세요.

(   )

3 실생활 공원에서 은지네 집까지 가는 길을 나타낸 것입니다. ㉮ 길과 ㉯ 길 중 어느 길이 더 짧은가요?

(   )

2 모양과 크기가 같은 그릇에 담긴 양 비교하기

4 기본 담긴 물의 양이 더 적은 것에 △표 하세요.

(   )   (   )

5 변형 담긴 주스의 양을 비교하여 관계있는 것끼리 이어 보세요.

•   •

•   •

더 많다   더 적다

6 실생활 도윤이가 마실 물의 기호를 쓰세요.

나는 물이 더 많이 담긴 것을 마셔야지.

도윤

(   )

3 **위치에 따른 높이 비교하기**

7
(기본)
가장 높은 곳에 있는 새를 찾아 쓰세요.

(   )

8
(변형)
모양 조각을 쌓아 만든 것입니다. 가장 낮은 곳에 있는 모양을 찾아 ○표 하세요.

9
(실생활)
가장 높은 곳에 있는 물건을 찾아 쓰세요.

(   )

4 **넓이 비교하여 색칠하기**

10
(기본)
☐로 색칠된 모양보다 더 넓은 것을 찾아 색칠해 보세요.

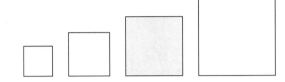

11
(변형)
☐로 색칠된 모양보다 더 좁은 것을 모두 찾아 색칠해 보세요.

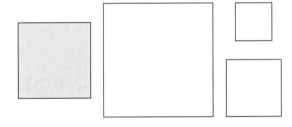

12
(변형)
☐로 색칠된 칸보다 더 넓은 칸을 모두 찾아 색칠해 보세요.

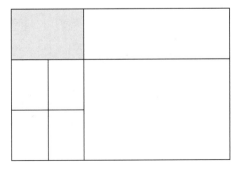

꼬리를 무는 유형

5 위쪽 끝이 맞추어져 있을 때 키 비교하기

위쪽 끝이 맞추어져 있을 때 아래 쪽 끝이 남는 사람이 키가 더 큽니다.

예

더 크다   더 작다

13 키가 가장 큰 사람을 찾아 이름을 쓰세요.

지아   재우   태준

(   )

14 키가 가장 작은 사람을 찾아 이름을 쓰세요.

다영   규민   선아

(   )

15 키가 가장 작은 사람을 찾아 이름을 쓰세요.

민서   나은   선미

(   )

6 그릇에 담긴 물의 높이가 같을 때 담긴 양 비교하기

그릇에 담긴 물의 높이가 같을 때 그릇의 크기가 클수록 담긴 물의 양이 더 많습니다.

예

더 많다   더 적다

16 담긴 물의 양이 가장 많은 것을 찾아 기호를 쓰세요.

㉠   ㉡   ㉢

(   )

17 가, 나, 다에 대한 설명 중 틀린 것을 찾아 기호를 쓰세요.

가   나   다

㉠ 다에 담긴 물의 양이 가장 많습니다.
㉡ 가는 나보다 담긴 물의 양이 더 적습니다.
㉢ 다는 가보다 담긴 물의 양이 더 많습니다.

(   )

7 칸 수를 세어 넓이 비교하기

작은 한 칸의 넓이가 모두 같을 때 칸 수가 많을수록 더 넓습니다.

예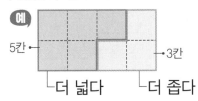

5칸 ← ⎡ ⎤ → 3칸

└ 더 넓다   └ 더 좁다

18 작은 한 칸의 넓이는 모두 같습니다. 색칠한 ㉠과 ㉡ 중에서 더 넓은 것의 기호를 쓰세요.
실력

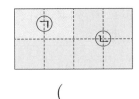

(   )

19 작은 한 칸의 넓이는 모두 같습니다. 가와 나 중에서 더 넓은 것의 기호를 쓰세요.
변형

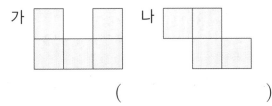

가   나

(   )

20 민지와 혜민이는 작은 한 칸의 넓이가 같은 종이에 각자 색을 칠했습니다. 누가 색칠한 부분이 더 넓은가요?
레벨업

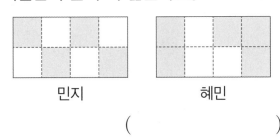

민지   혜민

(   )

8 고무줄이 늘어난 길이로 무게 비교하기

매단 물건의 무게가 무거울수록 고무줄이 더 많이 늘어납니다.

예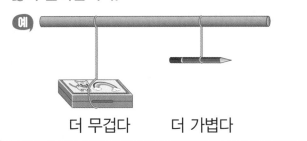

더 무겁다   더 가볍다

21 같은 길이의 고무줄에 물건을 매달았더니 다음과 같이 고무줄이 늘어났습니다. 더 무거운 것의 기호를 쓰세요.
실력

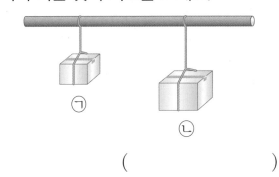

㉠   ㉡

(   )

22 같은 길이의 고무줄에 물건을 매달았더니 다음과 같이 고무줄이 늘어났습니다. 풀보다 더 무거운 것을 찾아 쓰세요.
레벨업

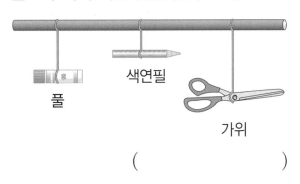

풀   색연필

가위

(   )

독해력 유형 ❶ 마신 물의 양 비교하기

✎ 구하려는 것에 밑줄을 긋고 풀어 보세요.

지안이와 은채가 똑같은 컵에 물을 가득 따라 마시고 남은 것입니다. 물을 더 많이 마신 사람은 누구인가요?

지안　　　　　　은채

🕯 해결 비법

똑같은 컵에 물을 가득 따라 마셨을 때 물을 더 많이 마셨으면 남은 양이 더 적고, 물을 더 적게 마셨으면 남은 양이 더 많습니다.

💡 문제 해결

❶ 물을 더 많이 마신 사람은 마시고 남은 양이 더 (많은 , 적은) 사람입니다.
알맞은 말에 ○표 하기

❷ 물을 더 많이 마신 사람: ☐

답 _____

비교하기 4

108

쌍둥이 유형 1-1

✎ 위의 문제 해결 방법을 따라 풀어 보세요.

도윤이와 규민이가 똑같은 컵에 주스를 가득 따라 마시고 남은 것입니다. 주스를 더 적게 마신 사람은 누구인가요?

도윤　　　　　　규민

따라 풀기 ❶

❷

답

독해력 유형 2 칸 수를 세어 길이 비교하기

✏️ 구하려는 것에 밑줄을 긋고 풀어 보세요.

작은 한 칸의 길이가 모두 같을 때 길이가 가장 긴 것을 찾아 기호를 쓰세요.

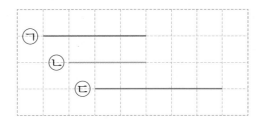

🕯️ **해결 비법**

작은 한 칸의 길이가 모두 같을 때 칸 수가 많을수록 길이가 더 깁니다.

 먼저 칸 수를 세어 보고 그 수를 비교해.

💡 **문제 해결**

❶ 각각의 칸 수 알아보기

㉠: 4칸, ㉡: ☐칸, ㉢: ☐칸

❷ 길이가 가장 긴 것의 기호: ☐

답 _____

4

비
교
하
기

109

✏️ 위의 문제 해결 방법을 따라 풀어 보세요.

쌍둥이 유형 2-1

작은 한 칸의 길이가 모두 같을 때 길이가 가장 짧은 것을 찾아 기호를 쓰세요.

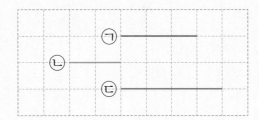

따라 풀기 ❶

❷

답

수학 독해력 유형

독해력 유형 3 세 사람의 무게 비교하기

✏️ 구하려는 것에 밑줄을 긋고 풀어 보세요.

민우, 현아, 예서가 시소를 타고 있습니다. 가장 무거운 사람은 누구인가요?

민우　　현아　　　예서　　현아

💡 **해결 비법**

먼저 두 번 시소를 탄 사람을 기준으로 두 사람씩 무게를 비교한 다음 세 사람의 무게를 비교하여 가장 무거운 사람을 찾습니다.

💡 **문제 해결**

❶ 현아를 기준으로 두 사람씩 무게 비교하기　알맞은 말에 ○표 하기

민우는 현아보다 더 (무겁습니다, 가볍습니다).

예서는 현아보다 더 (무겁습니다, 가볍습니다).

❷ 현아를 기준으로 세 사람의 무게 비교하기

	현아	

← 가볍다　　　　　　　　　무겁다 →

❸ 가장 무거운 사람:

답 _____

✏️ 위의 문제 해결 방법을 따라 풀어 보세요.

쌍둥이 유형 3-1

재민, 아린, 하영이가 시소를 타고 있습니다. 가장 가벼운 사람은 누구인가요?

재민　　아린　　　하영　　아린

따라 풀기 ❶

❷

❸

답 _____

독해력 유형 4 설명을 읽고 넓이 비교하기

✎ 구하려는 것에 밑줄을 긋고 풀어 보세요.

운동장, 공원, 놀이터 중 가장 넓은 곳은 어디인가요?

> • 운동장은 놀이터보다 더 넓습니다.
> • 공원은 운동장보다 더 넓습니다.

🕯 **해결 비법**

먼저 두 번 나온 곳을 기준으로 두 곳씩 넓이를 비교한 다음 세 곳의 넓이를 비교하여 가장 넓은 곳을 찾습니다.

💡 **문제 해결**

❶ 운동장을 기준으로 두 곳씩 넓이 비교하기

알맞은 말에 ○표 하기

놀이터는 운동장보다 더 (넓습니다 , 좁습니다).

공원은 운동장보다 더 (넓습니다 , 좁습니다).

❷ 운동장을 기준으로 세 곳의 넓이 비교하기

	운동장	
좁다		넓다

❸ 가장 넓은 곳:

답

4

비교하기

111

✎ 위의 문제 해결 방법을 따라 풀어 보세요.

쌍둥이 유형 4-1

수하, 민정, 지호가 우산을 펼쳐 보았습니다. 가장 넓은 우산은 누구의 것인가요?

> • 민정이의 우산은 수하의 우산보다 더 좁습니다.
> • 지호의 우산은 민정이의 우산보다 더 좁습니다.

따라 풀기 ❶

❷

❸

답

유형TEST

1 더 긴 것에 ○표 하세요.

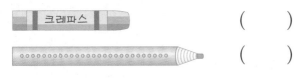

(   )

(   )

2 담을 수 있는 양이 더 많은 것에 ○표 하세요.

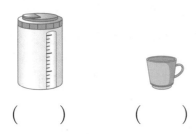

(   )   (   )

3 더 낮은 것에 △표 하세요.

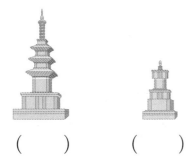

(   )   (   )

4 더 좁은 것에 △표 하세요.

(   )   (   )

5 그림을 보고 알맞은 말에 ○표 하세요.

⑴ 풍선은 수박보다 더

(무겁습니다 , 가볍습니다).

⑵ 수박은 풍선보다 더

(무겁습니다 , 가볍습니다).

6 담을 수 있는 양을 비교하려고 합니다. 관계있는 것끼리 이어 보세요.

·   더 많다

·   더 적다

7 더 좁은 것에 색칠해 보세요.

점수

점

8 키가 더 큰 사람의 이름을 쓰세요.

수아　　　지우

(　　　　　　　　)

실생활 연결

9 그림을 보고 알맞은 말에 ○표 하세요.

참외　　　　　딸기

(참외, 딸기)가 더 가볍습니다.

10 가장 높이 올라간 사람에 ○표 하세요.

(　　　) (　　　) (　　　)

11 가장 긴 것을 찾아 기호를 쓰세요.

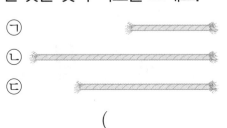

ㄱ

ㄴ

ㄷ

(　　　　　　　　)

12 가장 높은 것에 ○표, 가장 낮은 것에 △표 하세요.

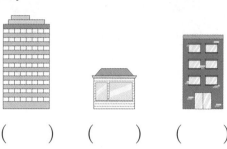

(　　　) (　　　) (　　　)

13 가장 넓은 것에 ○표, 가장 좁은 것에 △표 하세요.

(　　　) (　　　) (　　　)

정보처리

14 길이를 비교할 때 쓰는 말을 바르게 짝 지은 것은 어느 것인가요? (　　　　)

① 높다, 낮다　　　② 크다, 작다

③ 길다, 짧다　　　④ 많다, 적다

⑤ 무겁다, 가볍다

4

비교하기

113

15 그림을 보고 알맞은 말에 ○표 하세요.

의자　　공책　　　책상

책상의 무게가 가장

(넓습니다 , 무겁습니다 , 높습니다).

16 그림을 보고 □ 안에 알맞은 말을 써넣으세요.

달력

편지지

|　　　　　　　| 은/는 |　　　　　　| 보다

더 넓습니다.

 2단원 연결

17 리안이가 모양 조각을 쌓아 만든 것입니다. 문장을 읽고 알맞은 모양을 찾아 ○표 하세요.

가장 높은 곳에 있는 모양은

(, ,)입니다.

18 가보다 더 넓고 나보다 더 좁은 □ 모양을 빈 곳에 그려 보세요.

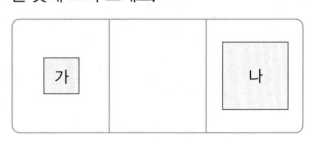

19 담을 수 있는 양이 많은 것부터 순서대로 기호를 쓰세요.

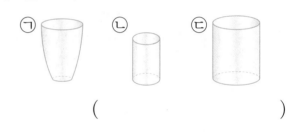

(　　　　　　　　　　　　)

20 □ 안에 들어갈 수 있는 쌓기나무를 찾아 기호를 쓰세요.

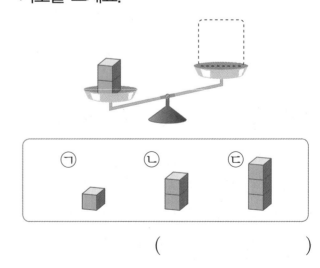

(　　　　　　　　　　　　)

비교하기

21 가장 긴 것을 찾아 기호를 쓰세요.

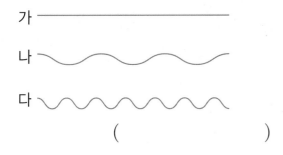

(   )

22 키가 가장 작은 사람은 누구인가요?

지후   민아   예은

(   )

23 컵에 우유를 따랐습니다. 컵에 담긴 우유의 양에 대한 설명 중 <u>틀린</u> 것을 찾아 기호를 쓰세요.

가   나   다

┌─────────────────────────────┐
│ ㉠ 가에 담긴 우유의 양이 가장 적습니다.   │
│ ㉡ 나는 가보다 담긴 우유의 양이 더   │
│   많습니다.   │
│ ㉢ 다는 가보다 담긴 우유의 양이 더   │
│   적습니다.   │
└─────────────────────────────┘

(   )

24 지아, 혜린, 재하가 시소를 타고 있습니다. 가장 가벼운 사람은 누구인가요?

지아   혜린   재하   지아

(   )

서술형

25 하윤이와 태형이가 똑같은 컵에 주스를 가득 따라 마시고 남은 것입니다. 주스를 더 많이 마신 사람은 누구인지 풀이 과정을 쓰고 답을 구하세요.

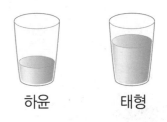

하윤   태형

풀이 _____

_____

_____

_____

답 _____

4

비교하기

115

5 50까지의 수

캠핑 나라에서 비교하기에 대해 공부하고 왔나요? 이제 숲 속 나라에서 50까지의 수에 대해 알아볼 거예요. 우리 함께 길을 따라가면서 이번 단원에서 배울 내용을 알아보도록 해요.

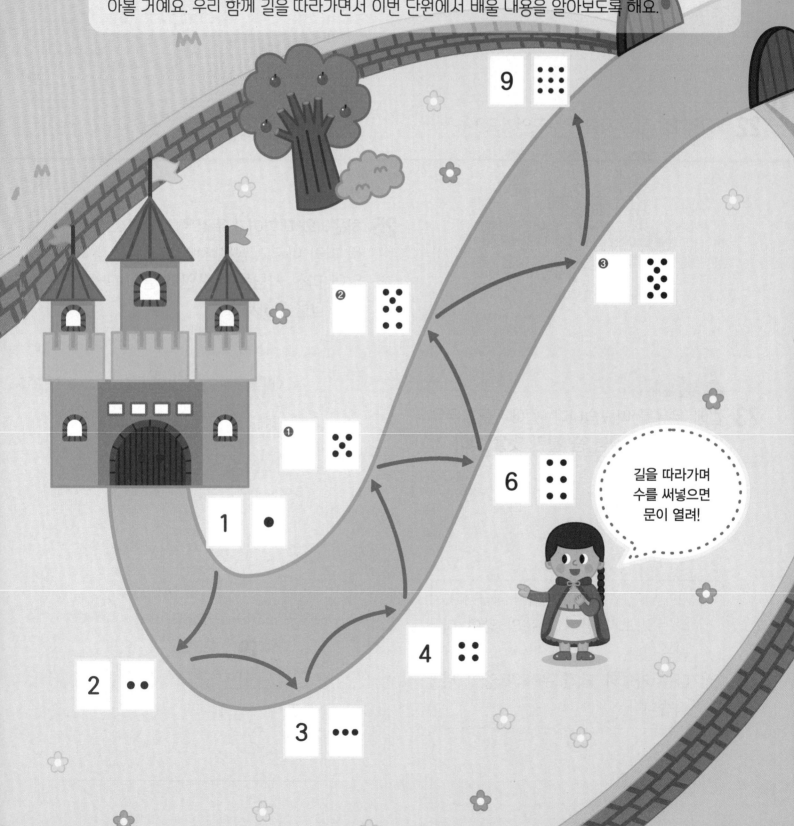

길을 따라가며 수를 써넣으면 문이 열려!

개념별 유형

개념 **1** 10 알아보기

10
십 **열**

9보다 1만큼 더 큰 수는 **10**입니다.

 참고

10은 상황에 따라 **십** 또는 **열**이라고 읽어.

• 십이라고 읽는 경우:
  10일, 10등, 10층

• 열이라고 읽는 경우:
  10살, 10개, 10명

▶ 개념 동영상

1 그림을 보고 □ 안에 알맞은 수를 써넣으세요.

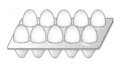

(1) 달걀은 9개보다 [ ]개 더 많습니다.

(2) 달걀은 모두 [ ]개입니다.

2 모두 몇 개인지 세어 □ 안에 알맞은 수를 써넣으세요.

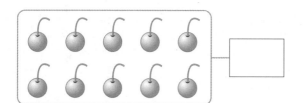

3 10개인 것에 ◯표 하세요.

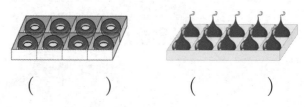

(   )   (   )

4 10이 되도록 ◯를 그려 보세요.

5 그림에 알맞은 것을 모두 찾아 ◯표 하세요.

아홉 , 10 , 십 , 9 , 열

💬 의사소통

6 밑줄 친 10을 바르게 읽은 사람은 누구인가요?

이 건물은 10층까지 있어.

열   십

서준   은우

(   )

개념2 ▶ 10 모으기와 가르기

1. 10 모으기

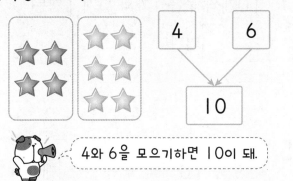

4와 6을 모으기하면 10이 돼.

2. 10 가르기

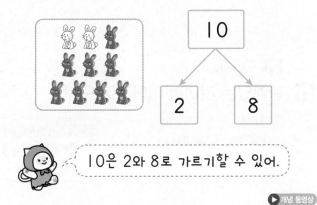

10은 2와 8로 가르기할 수 있어.

▶ 개념 동영상

7 그림을 보고 모으기를 해 보세요.

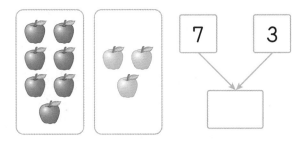

8 그림을 보고 가르기를 해 보세요.

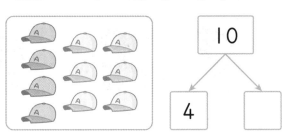

9 모으기를 해 보세요.

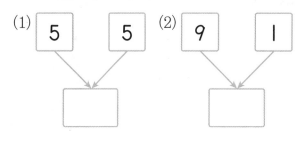

10 가르기를 해 보세요.

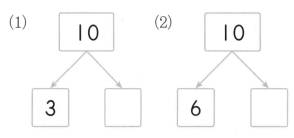

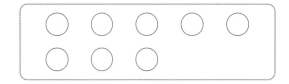 실생활 연결

11 희주는 딸기 10개를 따려고 합니다. 딸기 8개를 땄다면 앞으로 몇 개를 더 따야 하는지 물음에 답하세요.

(1) 10이 되도록 ○를 그려 보세요.

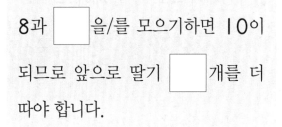

(2) □ 안에 알맞은 수를 써넣으세요.

8과 ☐ 을/를 모으기하면 10이

되므로 앞으로 딸기 ☐ 개를 더

따야 합니다.

개념별 유형

개념 3 십몇 알아보기

13

십삼   열셋

10개씩 묶음 **1**개와 낱개 **3**개 → **13**

• 11부터 19까지의 수를 쓰고 읽기

11 (십일, 열하나)	12 (십이, 열둘)	13 (십삼, 열셋)
14 (십사, 열넷)	15 (십오, 열다섯)	16 (십육, 열여섯)
17 (십칠, 열일곱)	18 (십팔, 열여덟)	19 (십구, 열아홉)

▶ 개념 동영상

12 그림을 보고 □ 안에 알맞은 수를 써넣으세요.

10개씩 묶음 □개와 낱개 □개는 □입니다.

13 10개씩 묶고, 수를 세어 쓰세요.

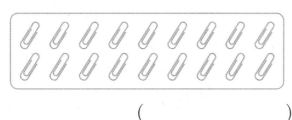

(   )

[14~15] □ 안에 알맞은 수를 써넣으세요.

14

10개씩 묶음 1개와 낱개 1개는 □입니다.

15

19는 10개씩 묶음 □개와 낱개 9개인 수입니다.

🔍 정보처리

16 관계있는 것끼리 이어 보세요.

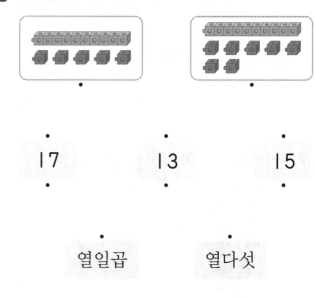

17   13   15

열일곱   열다섯

17 수를 잘못 읽은 사람의 이름을 쓰세요.

12 → 십이   16 → 십여섯   18 → 열여덟

다은   도윤   지유

(   )

＋개념4　십몇까지의 수의 순서

・ㅣㅣ부터 ㅣ9까지의 수를 순서대로 쓰기

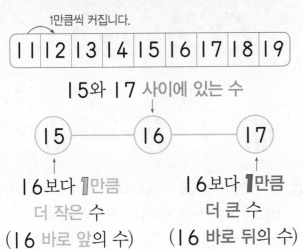

1만큼씩 커집니다.

| ㅣㅣ | ㅣ2 | ㅣ3 | ㅣ4 | ㅣ5 | ㅣ6 | ㅣ7 | ㅣ8 | ㅣ9 |

ㅣ5와 ㅣ7 사이에 있는 수

ㅣ5 ── ㅣ6 ── ㅣ7

ㅣ6보다 1만큼
더 작은 수
(ㅣ6 바로 앞의 수)

ㅣ6보다 1만큼
더 큰 수
(ㅣ6 바로 뒤의 수)

18 ㅣㅣ부터 ㅣ5까지 수를 순서대로 쓰세요.

ㅣㅣ ─ ㅣ2 ─ ㅣ3 ─ ☐ ─ ☐

19 ㅣㅣ부터 ㅣ9까지 수를 순서대로 이어 그림을 완성해 보세요.

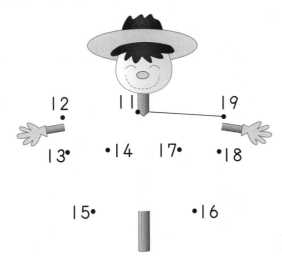

20 빈 곳에 알맞은 수를 써넣으세요.

ㅣ2 ───── ☐ ───── ㅣ4

사이에 있는 수

21 빈 곳에 알맞은 수를 써넣으세요.

☐ ── ㅣ8 ── ☐

1만큼
더 작은 수

1만큼
더 큰 수

22 순서를 생각하며 빈 곳에 알맞은 수를 써넣으세요.

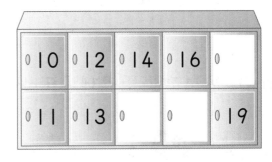

23 ㅣ6부터 수의 순서대로 길을 따라가 보세요.

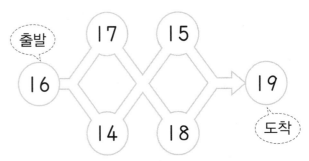

🔍 정보처리

24 작은 수가 적힌 카드부터 순서대로 놓으려고 합니다. 잘못 놓은 카드에 ×표 하세요.

| ㅣ3 | ㅣ4 | ㅣ5 | ㅣ9 | ㅣ7 |

5

50
까지의
수

개념별 유형

개념 5 십몇의 수의 크기 비교하기

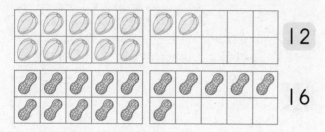

- ◯는 🥜보다 적습니다.
  ➡ 12는 16보다 작습니다.

- 🥜은 ◯보다 많습니다.
  ➡ 16은 12보다 큽니다.

25 그림을 보고 알맞은 말에 ◯표 하세요.

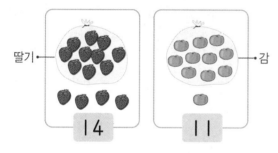

(1) 딸기는 감보다
  (많습니다 , 적습니다).

(2) 14는 11보다 (큽니다 , 작습니다).

26 남아 있는 알약의 수가 더 적은 것에 △표 하세요.

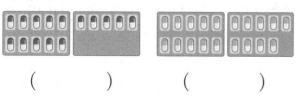

(   )   (   )

27 그림을 보고 □ 안에 알맞은 수를 써넣으세요.

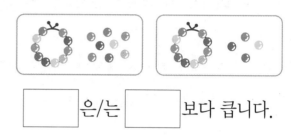

□ 은/는 □ 보다 큽니다.

28 주어진 수만큼 ◯를 그리고, 수의 크기를 비교하여 더 큰 수에 ◯표 하세요.

13   17

(   )   (   )

실생활 연결

29 지호와 하린이가 가진 동전의 수를 비교하려고 합니다. □ 안에 알맞은 수나 말을 써넣으세요.

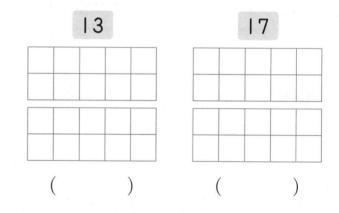

지호

하린

□ 은/는 □ 보다 크므로

□ (이)가 □ 보다 동전을

더 많이 가지고 있습니다.

1~5 형성 평가

1 그림을 보고 □ 안에 알맞은 수를 써넣으세요.

9보다 □ 만큼 더 큰 수는 10입니다.

2 □ 안에 알맞은 수를 써넣으세요.

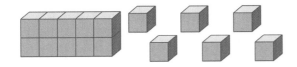

블록은 10개씩 묶음이 □ 개, 낱개가

□ 개 있으므로 모두 □ 개입니다.

3 모으기와 가르기를 해 보세요.

(1)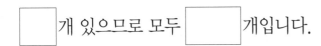

4 수의 순서에 맞게 빈 곳에 알맞은 수를 써넣으세요.

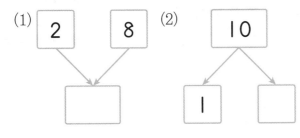

5 구슬의 수를 세어 쓰고, 바르게 읽은 것에 ○표 하세요.

□

(열여섯 , 열일곱 , 열여덟 , 열아홉)

6 나타내는 수가 <u>다른</u> 하나에 색칠해 보세요.

| 열셋 | 13 | 십일 |

7 14와 16 사이에 있는 수를 쓰세요.

(   )

8 빈 곳에 알맞은 수를 써넣고, 크기를 비교하여 알맞은 말에 ○표 하세요.

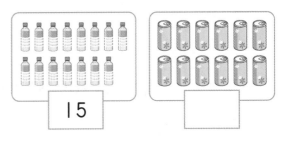

15

□

15는 □ 보다 (큽니다 , 작습니다).

개념별 유형

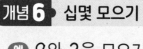

개념 6 ▶ 십몇 모으기

예 9와 3을 모으기

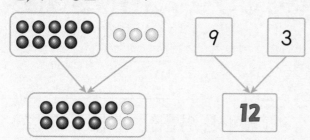

방법 1 검은 바둑돌 9개와 흰 바둑돌 3개를 모아 세어 보면 12개입니다.

방법 2 검은 바둑돌의 수를 세고 흰 바둑돌의 수를 이어 세면

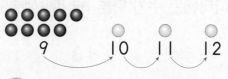

12개입니다.

➡ 9와 3을 모으기하면 12입니다.

▶ 개념 동영상

1 바둑돌의 수를 이어 세려고 합니다. □ 안에 알맞은 수를 써넣으세요.

검은 바둑돌의 수를 세고 흰 바둑돌의 수를 이어 세면

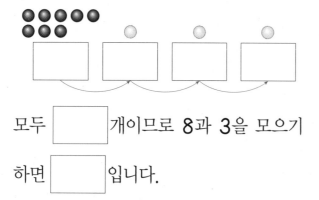

모두 [ ] 개이므로 8과 3을 모으기하면 [ ] 입니다.

2 빈 곳에 알맞은 수를 써넣으세요.

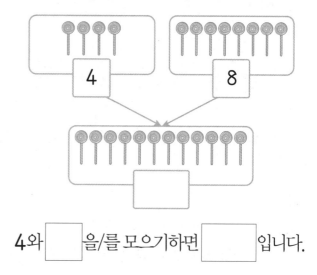

4와 [ ] 을/를 모으기하면 [ ] 입니다.

3 모으기를 하여 15가 되는 것끼리 이어 보세요.

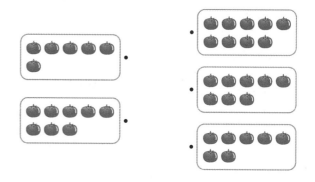

🔵 실생활 연결

4 주원이는 노란색 구슬 5개와 파란색 구슬 9개를 연결하여 팔찌를 만들었습니다. 팔찌를 만드는 데 사용한 구슬은 모두 몇 개인가요?

(   )

개념 **7** 십몇 가르기

예 12를 7과 어떤 수로 가르기

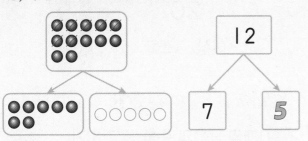

방법 1 12개 중 7개를 /으로 지우고 남은 바둑돌의 개수를 세면 **5**개입니다.

방법 2
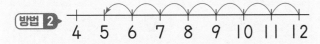
4 5 6 7 8 9 10 11 12

12에서 7칸을 거꾸로 세면 **5**입니다.
→ 12는 7과 **5**로 가르기할 수 있습니다.

▶ 개념 동영상

5 □ 안에 알맞은 수를 써넣으세요.

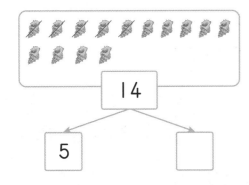

14

5   □

소라 14개 중 5개를 /으로 지우면

남은 소라는 □ 개입니다.

6 15를 바르게 가르기한 것에 ○표 하세요.

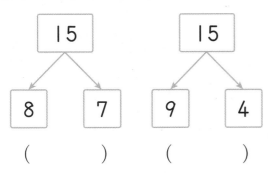

15   15

8   7   9   4

(   )   (   )

7 가르기를 해 보세요.

(1)   (2)

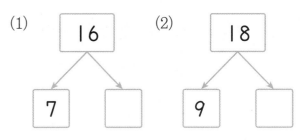

16   18

7   □   9   □

8 17을 9와 어떤 수로 가르기할 수 있는지 알맞은 수에 ○표 하세요.

6   7   8

9 12를 똑같은 두 수로 가르려고 합니다. 빈 곳에 알맞은 수만큼 ○를 그려 구하세요.

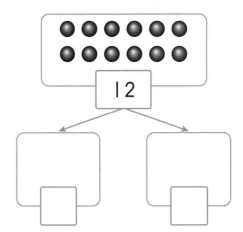

12

□   □

🔴 실생활 연결

10 연우는 수수깡 13개를 모두 사용하여 자동차와 비행기를 만들었습니다. 자동차를 만드는 데 수수깡 6개를 사용했다면 비행기를 만드는 데 수수깡 몇 개를 사용했나요?

(   )

개념별 유형

➕개념 8 여러 가지 방법으로 가르기

예 12를 여러 가지 방법으로 가르기

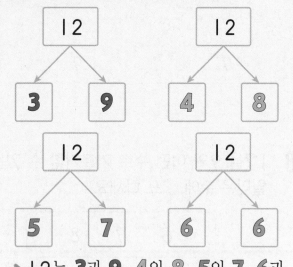

➔ 12는 3과 9, 4와 8, 5와 7, 6과 6, …으로 가르기할 수 있습니다.

11 가위 14개를 2명에게 나누어주려고 합니다. 두 가지 방법으로 가르기해 보세요.

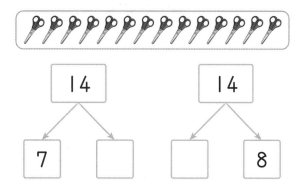

12 11을 잘못 가르기한 것을 찾아 ×표 하세요.

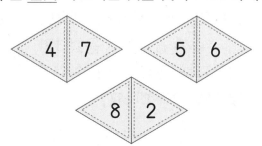

개념 9 10개씩 묶어 세어 보기

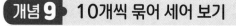

20
이십 스물

10개씩 묶음 2개를 20이라고 합니다.

• 10개씩 묶음의 수를 쓰고 읽기

10개씩 묶음	수	
	쓰기	읽기
2개	20	이십, 스물
3개	30	삼십, 서른
4개	40	사십, 마흔
5개	50	오십, 쉰

▶ 개념 동영상

[13~14] 그림을 보고 ☐ 안에 알맞은 수를 써넣으세요.

13

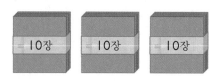

10장씩 묶음 ☐ 개이므로 ☐ 입니다.

14

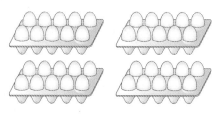

10개씩 묶음 ☐ 개이므로 ☐ 입니다.

15 수를 세어 쓰세요.

(1)
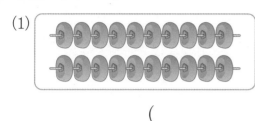

(   )

(2)
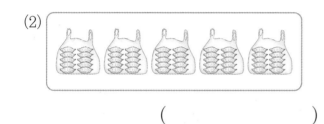

(   )

16 □ 안에 알맞은 수를 써넣으세요.

(1) 30은 10개씩 묶음 ☐ 개입니다.

(2) 40은 10개씩 묶음 ☐ 개입니다.

17 수를 바르게 읽은 것에 ○표 하세요.

50 ➡ (쉰 , 십오)

의사소통

18 10개씩 묶음 2개를 잘못 나타낸 것에 ×표 하세요.

| 20 | 십이 | 이십 |

(   )   (   )   (   )

19 관계있는 것끼리 이어 보세요.

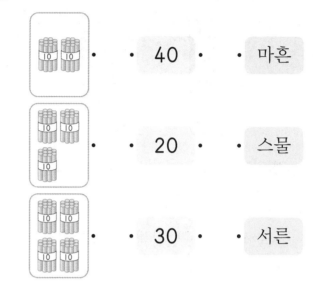

· 40 · · 마흔

· 20 · · 스물

· 30 · · 서른

20 사과가 10개씩 2상자 있습니다. 사과는 모두 몇 개인가요?

(   )

문제 해결

21 다람쥐가 모은 도토리는 몇 개인가요?

모은 도토리를 세어 보니 10개씩 묶음 5개야.

(   )

개념별 유형

개념 10 몇십의 크기 비교하기

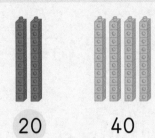

20   40

- 빨간색 모형은 노란색 모형보다 적습니다.
  → 20은 40보다 작습니다.

- 노란색 모형은 빨간색 모형보다 많습니다.
  → 40은 20보다 큽니다.

22 그림을 보고 알맞은 말에 ○표 하세요.

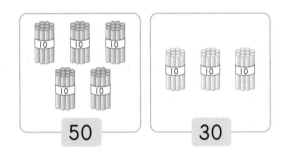

50   30

(1) 주황색 수수깡은 파란색 수수깡보다
(많습니다 , 적습니다).

(2) 50은 30보다 (큽니다 , 작습니다).

23 더 작은 수에 △표 하세요.

20   30

(   )   (   )

[24~25] 그림을 보고 □ 안에 알맞은 수를 써넣으세요.

24

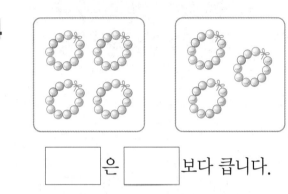

[   ]은 [   ]보다 큽니다.

25

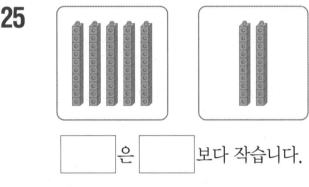

[   ]은 [   ]보다 작습니다.

26 더 큰 수를 말한 사람에 ○표 하세요.

삼십   쉰

(   )   (   )

🎯 실생활 연결

27 딸기맛 사탕이 50개, 포도맛 사탕이 40개 있습니다. 딸기맛 사탕과 포도맛 사탕 중 어떤 맛 사탕이 더 많은가요?

(   )

1 바르게 짝지어진 것에 ○표 하세요.

30 — 서른	50 — 사십

(　　　　)　　　(　　　　)

2 가르기를 하여 빈 곳에 알맞은 수를 써넣으세요.

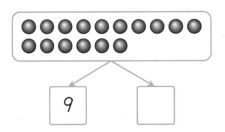

9

3 수를 세어 □ 안에 쓰고, 바르게 읽은 것을 모두 찾아 ○표 하세요.

(쉰 , 스물 , 삼십 , 이십)

4 □ 안에 알맞은 수를 써넣으세요.

10개씩 묶음 3개	
10개씩 묶음 □개	40

5 모으기를 하여 13이 되는 것끼리 이어 보세요.

6 15를 두 가지 방법으로 가르기해 보세요.

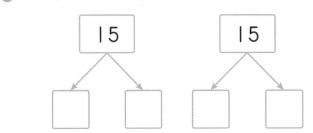

7 연경이는 훌라후프를 마흔 번 돌렸습니다. 연경이와 같은 수만큼 훌라후프를 돌린 사람은 누구인가요?

재우: 30번, 민석: 20번, 태연: 40번

(　　　　　　　　　)

8 더 큰 수를 말한 사람은 누구인가요?

현서　　　　　　　서아

(　　　　　　　　　)

5
50
까지의
수

130

개념 11 50까지의 수 세어 보기

25

이십오   스물다섯

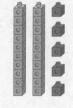

10개씩 묶음 2개와 낱개 5개 → 25

 25를 이십다섯이나 스물오라고
읽지 않도록 주의해!

▶ 개념 동영상

[1~2] 그림을 보고 □ 안에 알맞은 수를 써넣으세요.

1

10개씩 묶음 □ 개와 낱개 □ 개는

□ 입니다.

2

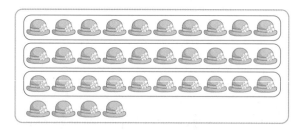

10개씩 묶음 □ 개와 낱개 □ 개는

□ 입니다.

3 □ 안에 알맞은 수를 써넣으세요.

(1)

10개씩 묶음	낱개
3	2

→ □

(2)
10개씩 묶음	낱개
4	3

→ □

4 그림을 보고 빈칸에 알맞은 수를 써넣으세요.

10개씩 묶음	낱개

→ □

5 빈칸에 알맞은 수를 써넣으세요.

수	10개씩 묶음	낱개
36	3	
49		9

6 수로 나타내 보세요.

(1) 스물일곱   (   )

(2) 마흔여덟   (   )

7 수를 세어 □ 안에 쓰고, 바르게 읽은 것을 모두 찾아 ○표 하세요.

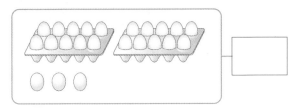

(이십삼 , 이십셋 , 스물삼 , 스물셋)

 정보처리

8 나타내는 수가 <u>다른</u> 하나를 찾아 기호를 쓰세요.

> ㉠ 삼십육
> ㉡ 10개씩 묶음 3개와 낱개 6개
> ㉢ 마흔여섯

(   )

 의사소통

9 44를 <u>잘못</u> 설명한 사람은 누구인가요?

10개씩 묶음의 수와 낱개의 수가 같아.

민재

사십넷 또는 마흔사 라고 읽어.

지안

(   )

10 색연필이 10자루씩 3상자와 낱개로 1자루 있습니다. 색연필은 모두 몇 자루인가요?

(   )

개념 12 50까지의 수의 순서 알아보기

1	2	3	4	5	6	7	8	9	10
11	12	13	14	15	16	17	18	19	20
21	22	23	24	25	26	27	28	29	30
31	32	33	34	35	36	37	38	39	40
41	42	43	44	45	46	47	48	49	50

위의 표에서 빨간색 화살표 방향으로는 1만큼씩 더 큰 수가, 파란색 화살표 방향으로는 1만큼씩 더 작은 수가 쓰여 있어.

23과 25 사이에 있는 수

23 ─ 24 ─ 25

24보다 1만큼
더 작은 수
(24 바로 앞의 수)

24보다 1만큼
더 큰 수
(24 바로 뒤의 수)

▶ 개념 동영상

11 순서대로 빈 곳에 알맞은 수를 써넣으세요.

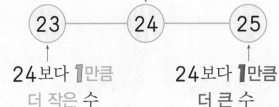

21 [ ] [ ] 24
27 [ ] 25

12 순서를 생각하며 빈칸에 알맞은 수를 써넣으세요.

39	40		42
43			46
47			50

개념별 유형

13 22보다 I만큼 더 큰 수에 ○표 하세요.

32		23
(	)	(	)

14 빈 곳에 알맞은 수를 써넣으세요.

48 — ☐ — 50

사이에 있는 수

15 빈 곳에 알맞은 수를 써넣으세요.

☐ — 37 — ☐

I만큼
더 작은 수

I만큼
더 큰 수

🔵 실생활 연결

16 순서를 생각하며 빈 곳에 알맞은 수를 써넣으세요.

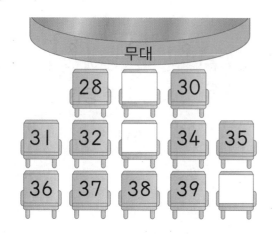

무대

28	☐	30
31	32	34	35
36	37	38	39	☐

17 I9와 26 사이에 있는 수가 아닌 것은 어느 것인가요? ( )

① 20 ② 22 ③ 23

④ 25 ⑤ 27

18 40보다 I만큼 더 작은 수에 색칠해 보세요.

삼십구	서른여덟

19 나타내는 수가 다른 하나를 찾아 기호를 쓰세요.

㉠ 44와 46 사이에 있는 수
㉡ 44보다 I만큼 더 큰 수
㉢ 47

( )

🔧 문제 해결

20 순서대로 수 이어가기 놀이를 하고 있습니다. 한 사람이 수를 3개까지 말할 수 있을 때, 유찬이가 말할 수 있는 수 3개를 쓰세요.

29, 30, 31   32, 33   ☐, ☐, ☐

유찬

(, ,)

개념 13 수의 크기 비교하기 (1)→10개씩 묶음의 수 비교

- 10개씩 묶음의 수가 다른 경우

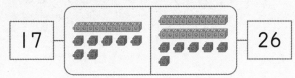

→ ⎡ 17은 26보다 작습니다.
  ⎣ 26은 17보다 큽니다.

10개씩 묶음의 수가 다를 때에는
10개씩 묶음의 수가 클수록 큰 수입니다.

 10개씩 묶음의 수가 다르면
낱개의 수를 비교하지 않아도 돼.

참고 세 수 18, 27, 32의 크기 비교
10개씩 묶음의 수가 3인 32가 가장 크고,
10개씩 묶음의 수가 1인 18이 가장 작습니다.

▶ 개념 동영상

21 그림을 보고 알맞은 말에 ○표 하세요.

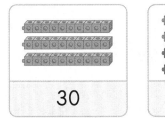 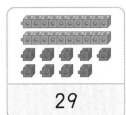

| 30 | 29 |

30은 29보다 (큽니다 , 작습니다).

22 더 큰 수에 ○표 하세요.

(1) | 18 | 20 |

(2) | 24 | 35 |

23 더 작은 수에 △표 하세요.

(1) | 31 | 19 |

(2) | 22 | 42 |

24 딱지를 더 많이 모은 사람은 누구인가요?

난 딱지를
28장 모았어.

난 딱지를
37장 모았어.

지호   다은

(   )

25 그림을 보고 □ 안에 알맞은 수를 써넣으세요.

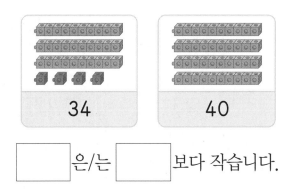

| 34 | 40 |

□ 은/는 □ 보다 작습니다.

🔵 실생활 연결

26 현아가 가지고 있는 채소 씨앗의 수를 세어 쓴 것입니다. 가장 큰 수에 ○표 하세요.

상추	깻잎	열무
25	43	32

(   ) (   ) (   )

개념 14 수의 크기 비교하기 (2) →낱개의 수 비교

• 10개씩 묶음의 수가 같은 경우

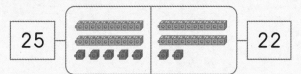

25 — — 22

→ ┌ 25는 22보다 큽니다.
  └ 22는 25보다 작습니다.

> 10개씩 묶음의 수가 같을 때에는 낱개의 수가 클수록 큰 수입니다.

참고 세 수 27, 28, 32의 크기 비교

10개씩 묶음의 수가 3인 32가 가장 크고, 10개씩 묶음의 수가 2로 같은 두 수 27과 28 중 낱개의 수가 더 작은 27이 가장 작습니다.

▶ 개념 동영상

27 그림을 보고 알맞은 말에 ○표 하세요.

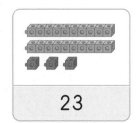 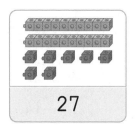

| 23 | 27 |

23은 27보다 (큽니다 , 작습니다).

28 더 큰 수에 ○표 하세요.

(1)
| 31 | 38 |

(2)
| 49 | 44 |

29 더 작은 수에 △표 하세요.

(1)
| 42 | 47 |

(2)
| 26 | 20 |

30 딸기와 키위가 다음과 같이 있습니다. 더 많은 것에 ○표 하세요.

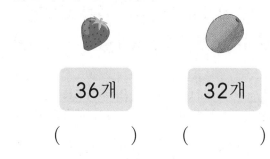

| 36개 | 32개 |

(   )   (   )

31 그림을 보고 □ 안에 알맞은 수를 써넣으세요.

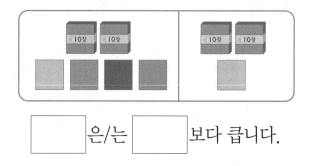

□ 은/는 □ 보다 큽니다.

⚡ 추론

32 서준이가 말한 수를 모두 찾아 ○표 하세요.

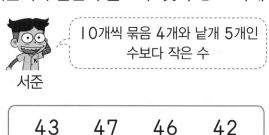

서준

> 10개씩 묶음 4개와 낱개 5개인 수보다 작은 수

| 43 | 47 | 46 | 42 |

1 빈 곳에 알맞은 수를 써넣으세요.

마흔셋	10개씩 묶음	낱개
		3

2 □ 안에 알맞은 수를 써넣으세요.

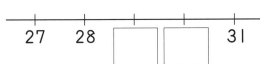

27 28 □ □ 31

3 빈 곳에 알맞은 수를 써넣으세요.

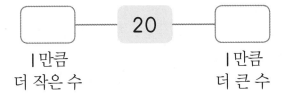

□ — 20 — □

1만큼
더 작은 수   1만큼
                        더 큰 수

4 수의 크기를 비교하여 알맞은 말에 ○표 하세요.

34는 25보다 (크고 , 작고),
37보다 (큽니다 , 작습니다).

5 수를 순서대로 이어 토끼가 당근을 찾아가는 길을 나타내 보세요.

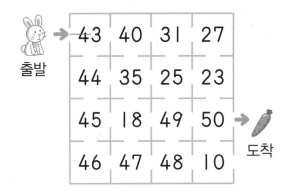

출발 →

| 43 | 40 | 31 | 27 |
| 44 | 35 | 25 | 23 |
| 45 | 18 | 49 | 50 | → 도착
| 46 | 47 | 48 | 10 |

6 수를 각각 세어 더 큰 쪽의 수를 쓰세요.

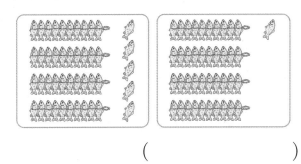

(   )

7 나타내는 수가 <u>다른</u> 하나를 찾아 기호를 쓰세요.

㉠ 서른둘
㉡ 삼십구
㉢ 10개씩 묶음 3개와 낱개 2개

(   )

8 주어진 수보다 큰 수를 모두 찾아 ○표 하세요.

스물여섯

(17 , 33 , 26 , 42)

5
50
까지의
수

135

1 수를 읽는 방법 구분하기

1 기본

10을 어떻게 읽어야 하는지 알맞은 말에 ○표 하세요.

> 10일 후는 여름 방학이야.

(십 , 열)

2 변형

현서가 수를 바르게 읽었으면 ○표, 아니면 ×표 하세요.

현서

> 우리 반 남학생은 12명이야.
> 열이

(   )

3 변형

밑줄 친 수 39를 '서른아홉'이라고 읽어야 하는 것의 기호를 쓰세요.

> ㉠ 번호가 39번인 버스를 타세요.
> ㉡ 오늘은 우리 학교의 39번째*개교 기념일이야.

(   )

*개교기념일: 학교를 새로 세워 처음으로 연 날

2 몇십을 10개씩 묶음의 수로 알아보기

4 기본

□ 안에 알맞은 수를 써넣으세요.

> 10개씩 5묶음은 □ 입니다.

5 변형

□ 안에 알맞은 수를 써넣으세요.

> 20은 10개씩 □ 묶음입니다.

6 변형

□ 안에 알맞은 수를 써넣으세요.

> 종이컵 마흔 개를 10개씩 묶으면 □ 묶음입니다.

7 실생활

세호는 밭에서 캔 고구마를 한 봉지에 10개씩 담으려고 합니다. 고구마 30개를 모두 담으려면 몇 봉지가 필요한가요?

(   )

3 수의 순서 알아보기

8 30부터 수를 순서대로 쓰려고 합니다.
ㄱ에 알맞은 수를 구하세요.
기본

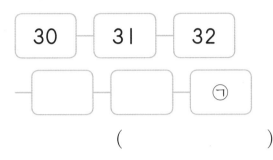

(　　　　　)

9 수를 순서대로 썼을 때 색칠한 칸에 알맞
변형 은 수를 구하세요.

9	10	11	12	13	14	15
16						

(　　　　　)

10 도윤이가 앉은 자리(□)는 몇 번인가요?
실생활

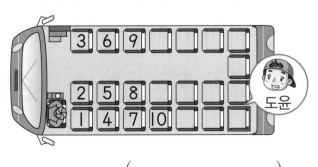

(　　　　　)

4 가장 큰(작은) 수 찾기

11 가장 큰 수에 ○표 하세요.
기본

25	19	27

12 가장 작은 수에 △표 하세요.
변형

40	30	38

13 가장 큰 수에 ○표 하세요.
변형

마흔하나　　　사십이　　　서른다섯

(　　) (　　　) (　　)

14 우리 학교에는 단풍나무가 스물여덟 그루,
실생활 은행나무가 34그루, 소나무가 36그루
있습니다. 단풍나무, 은행나무, 소나무
중에서 어느 나무가 가장 많은가요?

(　　　　　)

5

50
까지의
수

137

5 수의 순서를 거꾸로 하여 쓰기

수를 순서대로 쓰면 **1**씩 커지고, 수의 순서를 거꾸로 하여 쓰면 **1**씩 작아집니다.

| 씩 커짐.

| 씩 작아짐.

15 실력 43부터 35까지 수의 순서를 거꾸로 이어 그림을 완성해 보세요.

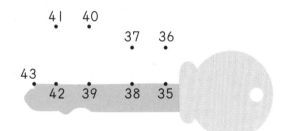

16 변형 수의 순서를 거꾸로 하여 빈 곳에 알맞은 수를 써넣으세요.

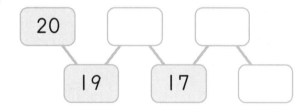

17 레벨업 수의 순서를 거꾸로 하여 쓸 때 ㉠에 알맞은 수를 구하세요.

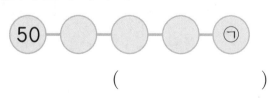

( )

6 ●보다 크고 ▲보다 작은 수 구하기

예 18보다 크고 23보다 작은 수

18 | 19 20 21 22 | 23

18부터 23까지 수를 순서대로 썼을 때 **18**보다 크고 **23**보다 작은 수는 두 수 사이에 있는 19, 20, 21, 22입니다.

18 실력 24보다 크고 28보다 작은 수는 모두 몇 개인가요?

( )

19 변형 37보다 크고 42보다 작은 수를 모두 쓰세요.

( )

20 레벨업 시후가 말한 수보다 크고 지유가 말한 수보다 작은 수를 모두 구하세요.

10개씩 묶음 1개와 낱개 5개인 수 — 시후

10개씩 묶음이 2개인 수 — 지유

( )

7 가르기를 활용하여 나누기

(예) 사탕 5개를 나눌 때 주아가 성현이보다 많이 가지게 나누는 방법 (단, 두 사람은 사탕을 적어도 한 개씩은 가집니다.)

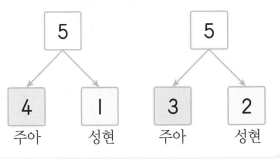

8 모으기와 가르기를 한 수 비교하기

(예)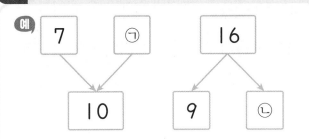

7과 3을 모으기하면 10이 되므로 ㉠=3
16은 9와 7로 가르기할 수 있으므로 ㉡=7
→ 7이 3보다 크므로 더 큰 수는 ㉡입니다.

21 실력
색종이 10장을 언니와 나누어 가지려고 합니다. 언니가 나보다 색종이를 더 많이 가지도록 ○를 그려 나타내 보세요. (단, 두 사람은 색종이를 적어도 한 장씩은 가집니다.)

나   언니

23 실력
㉠과 ㉡에 알맞은 수 중 더 큰 수의 기호를 쓰세요.

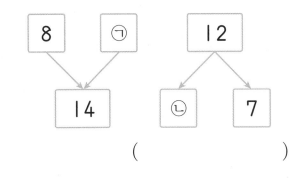

(   )

22 변형
연준이는 귤 13개를 친구와 나누어 먹으려고 합니다. 친구가 연준이보다 귤을 더 많이 먹게 되는 경우를 나타낸 표를 완성해 보세요. (단, 두 사람은 귤을 적어도 한 개씩은 먹습니다.)

먹는 귤의 수(개)	연준	1				
	친구	12				

24 변형
㉠과 ㉡에 알맞은 수 중 더 작은 수의 기호를 쓰세요.

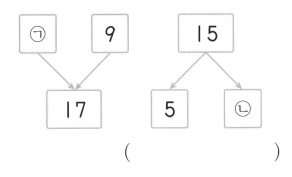

(   )

BOOK② 32~37쪽 응용력 향상 문제 제공

5

50 까지의 수

독해력 유형 1 물건의 전체 개수 알아보기

✎ 구하려는 것에 밑줄을 긋고 풀어 보세요.

병이 10개씩 묶음 1상자와 낱개 13개가 있습니다. 병은 모두 몇 개인지 구하세요.

해결 비법

예

낱개 **12**개

↓

10개씩 묶음 **1**개,
낱개 **2**개

💡 **문제 해결**

❶ 낱개 13개를 10개씩 묶음의 수와 낱개의 수로 나타내기:

낱개 13개	10개씩 묶음	낱개
	1개	☐개

❷ 병은 모두 몇 개인지 구하기:

10개씩 묶음 1+1= ☐ (개), 낱개 3개 ➡ ☐ 개

답 **답** _____

✎ 위의 문제 해결 방법을 따라 풀어 보세요.

쌍둥이 유형 1-1

동전이 10개씩 묶음 3개와 낱개 16개가 있습니다. 동전은 모두 몇 개인가요?

따라 풀기 ❶

❷

답 **답** _____

공부한 날   월   일

독해력 유형 2 수 카드로 가장 큰(작은) 몇십몇 만들기

✎ 구하려는 것에 밑줄을 긋고 풀어 보세요.

수 카드 **3**장 중에서 **2**장을 골라 한 번씩만 사용하여 가장 큰 몇십몇을 만들어 보세요.

| I | | 2 | | 4 |

📛 해결 비법

예 | 2 | | 3 | | 4 |

	몇십 (I0개씩 묶음)	몇 (낱개)
가장 큰 몇십몇	4 가장 큰 수	3 두 번째로 큰 수
가장 작은 몇십몇	2 가장 작은 수	3 두 번째로 작은 수

💡 문제 해결

❶ 수 카드를 큰 수부터 차례로 쓰기:

◻ , ◻ , ◻

❷ 가장 큰 몇십몇 만들기

➡ I0개씩 묶음의 수: ◻ , 낱개의 수: ◻

❸ 수 카드로 만들 수 있는 가장 큰 몇십몇: ◻

답 _____

5

50
까지
의
수

141

✎ 위의 문제 해결 방법을 따라 풀어 보세요.

쌍둥이 유형 2-1

수 카드 **3**장 중에서 **2**장을 골라 한 번씩만 사용하여 가장 작은 몇십몇을 만들어 보세요.

| 4 | | I | | 3 |

따라 풀기 ❶

❷

❸

답 _____

수학 독해력 유형

독해력 유형 3 ■에 알맞은 수 구하기

✎ 구하려는 것에 밑줄을 긋고 풀어 보세요.

0부터 9까지의 수 중에서 ■에 알맞은 수는 모두 몇 개인지 구하세요.

2■은/는 25보다 작습니다.

🕯 해결 비법

두 수의 크기를 비교할 때
10개씩 묶음의 수가 같으면
낱개의 수를 비교합니다.

예 18   13

↑ ↑
10개씩 묶음 1개, 10개씩 묶음 1개,
낱개 8개   낱개 3개

➔ 8이 3보다 크므로
18이 13보다 큽니다.

💡 문제 해결

❶ 낱개의 수 비교하기:

■는 5보다 (작은 , 큰) 수입니다.

└→ 알맞은 말에 ○표 하기

❷ 0부터 9까지의 수 중 ■에 알맞은 수 구하기:

_____

❸ ■에 알맞은 수는 모두 ☐ 개입니다.

답 _____

쌍둥이 유형 3-1

✎ 위의 문제 해결 방법을 따라 풀어 보세요.

0부터 9까지의 수 중에서 ■에 알맞은 수는 모두 몇 개인지 구하세요.

3■은/는 37보다 큽니다.

따라 풀기 ❶

❷

❸

답 _____

독해력 유형 ④ 조건을 만족하는 수 구하기

✎ 구하려는 것에 밑줄을 긋고 풀어 보세요.

다음을 모두 만족하는 수를 구하세요.

> • 29보다 크고 34보다 작은 수입니다.
> • 10개씩 묶음의 수와 낱개의 수가 같습니다.

🕯 해결 비법

①을 만족하는 수를 먼저 찾고, 찾은 수에서 ②까지 만족하는 수를 구한다.

예
> ① 12보다 크고 15보다 작은 수
> ② 낱개의 수가 3인 수

①을 만족하는 수: 13, 14
②까지 만족하는 수: 13
└ 낱개의 수

💡 문제 해결

❶ 29보다 크고 34보다 작은 수 찾기:

□ , □ , □ , □

❷ 위 ❶에서 찾은 수 중 10개씩 묶음의 수와 낱개의 수가 같은 수 구하기: □

답 _____

5

50까지의 수

143

✎ 위의 문제 해결 방법을 따라 풀어 보세요.

쌍둥이 유형 ④-1

다음을 모두 만족하는 수를 구하세요.

> • 38보다 크고 43보다 작은 수입니다.
> • 10개씩 묶음의 수가 낱개의 수보다 작습니다.

따라 풀기 ❶

❷

답 _____

유형 TEST

1 그림을 보고 □ 안에 알맞은 수를 써넣으세요.

9보다 1만큼 더 큰 수는 □ 입니다.

[2~3] 10개씩 묶고, 수를 세어 □ 안에 알맞은 수를 써넣으세요.

2

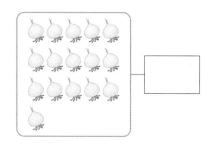

3

4 수로 나타내 보세요.

마흔둘

( )

---

5 □ 안에 알맞은 수를 써넣으세요.

10개씩 묶음	낱개
3	4

→ □

6 □ 안에 알맞은 수를 써넣으세요.

49는 10개씩 묶음 4개와 낱개 □ 개인 수입니다.

7 수의 순서에 맞게 빈 곳에 알맞은 수를 써넣으세요.

| 19 | □ | □ | 22 |

8 수를 세어 □ 안에 써넣고, 두 가지 방법으로 읽어 보세요.

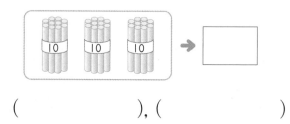 → □

( ), ( )

9 41부터 50까지 수를 순서대로 이어 그림을 완성해 보세요.

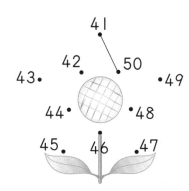

12 그림을 보고 빈 곳에 알맞은 수를 써넣으세요.

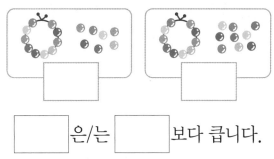

은/는   보다 큽니다.

10 더 큰 수에 바르게 색칠한 것에 ◯표 하세요.

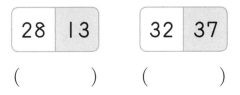

(　　　)   (　　　)

13 17을 잘못 가르기한 것을 찾아 ×표 하세요.

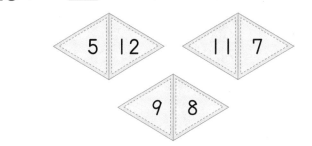

11 관계있는 것끼리 이어 보세요.

14 모으기를 하여 16이 되는 것끼리 같은 색으로 모두 색칠해 보세요.

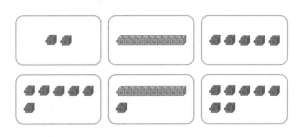

15 도넛을 한 상자에 10개씩 담으려고 합니다. 도넛 25개는 몇 상자가 되고, 몇 개가 남나요?

(   ), (   )

 의사소통

16 밑줄 친 수 10을 '열'이라고 읽어야 하는 사람은 누구인가요?

오늘은 6월 <u>10</u>일이야.

유찬

우리 오빠는 <u>10</u>살이야.

지안

(   )

5

50까지의 수

146

17 재활용품을 분류하였더니 빈 병이 10개씩 묶음 4개, 빈 캔이 10개씩 묶음 2개가 나왔습니다. 빈 병과 빈 캔을 각각 수로 나타내었을 때 둘 중 더 큰 수를 쓰세요.

(출처: ©usagi-p/shutterstock)

(   )

18 수의 순서를 거꾸로 하여 쓸 때 ㉠에 알맞은 수를 구하세요.

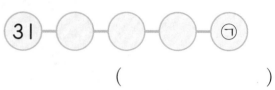

31 ─ ◯ ─ ◯ ─ ◯ ─ ㉠

(   )

19 가장 작은 수에 △표 하세요.

이십육	쉰	스물아홉

(   ) (   ) (   )

20 희수는 연필을 10자루씩 묶음 2개와 낱개 15자루 가지고 있습니다. 희수가 가진 연필은 모두 몇 자루인가요?

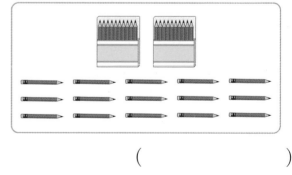

(   )

21 29보다 크고 34보다 작은 수를 모두 구하세요.

(   )

정답과 해설 33쪽

실생활 연결

22 고속 버스 자리 그림입니다. 23번 자리를 찾아 ○표 하세요.

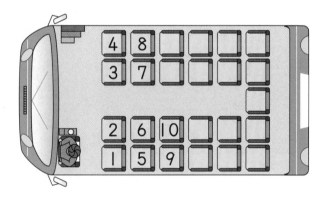

23 젤리 14개를 누나와 나누어 가지려고 합니다. 누나가 나보다 젤리를 더 많이 가지도록 ○를 그려 나타내 보세요. (단, 두 사람은 젤리를 적어도 한 개씩은 가집니다.)

24 0부터 9까지의 수 중에서 ■에 알맞은 수는 모두 몇 개인지 구하세요.

4■은/는 43보다 작습니다.

(   )

서술형

25 ㉠과 ㉡에 알맞은 수 중 더 큰 수의 기호를 쓰려고 합니다. 풀이 과정을 쓰고 답을 구하세요.

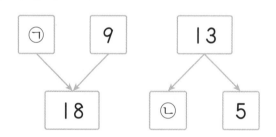

풀이

답 _____

5

50
까지의
수

147

MEMO

先 見 之 明

먼저 볼 갈 밝을
선 견 지 명

어떤 일이 일어나기 전, 미리 아는 지혜를
'선견지명'이라고 해요.
일기예보를 보고 미리 우산을 챙겨놓는다거나,
늦잠 잘 때를 대비해서 전날 밤 가방을 미리 챙겨놓는 것도
넓은 의미로 '선견지명'이라 할 수 있어요.

해당 콘텐츠는 천재교육 '똑똑한 하루 독해'를 참고하여 제작되었습니다.
모든 공부의 기초가 되는 어휘력+독해력을 키우고 싶을 땐,
똑똑한 하루 독해&어휘를 풀어보세요!

#차원이_다른_클라쓰
#강의전문교재
#초등교재

수학교재

● 수학리더 시리즈
- 수학리더 [연산]   예비초~6학년/A·B단계
- 수학리더 [개념]   1~6학년/학기별
- 수학리더 [기본]   1~6학년/학기별
- 수학리더 [유형]   1~6학년/학기별
- 수학리더 [기본+응용]   1~6학년/학기별
- 수학리더 [응용·심화]   1~6학년/학기별
- (신간) 수학리더 [최상위]   3~6학년/학기별

● 독해가 힘이다 시리즈 *문제해결력
- 수학도 독해가 힘이다   1~6학년/학기별
- (신간) 초등 문해력 독해가 힘이다 문장제 수학편   1~6학년/단계별

● 수학의 힘 시리즈
- (신간) 수학의 힘   1~2학년/학기별
- 수학의 힘 알파[실력]   3~6학년/학기별
- 수학의 힘 베타[유형]   3~6학년/학기별

● Go! 매쓰 시리즈
- Go! 매쓰(Start) *교과서 개념   1~6학년/학기별
- Go! 매쓰(Run A/B/C) *교과서+사고력   1~6학년/학기별
- Go! 매쓰(Jump) *유형 사고력   1~6학년/학기별

● 계산박사   1~12단계

월간교재

● NEW 해법수학   1~6학년
● 해법수학 단원평가 마스터   1~6학년 / 학기별
● 월간 무등생평가   1~6학년

전과목교재

● 리더 시리즈
- 국어   1~6학년/학기별
- 사회   3~6학년/학기별
- 과학   3~6학년/학기별

22개정 교육과정 반영

수학리더 유형

보충북★

BOOK 2

1-1

리더가 되기 위한
공부 비법

응용력 향상 집중 연습
응용력을 키우는 핵심 유형
반복 연습

창의·융합·코딩 학습
수학 교과 역량 강화 학습

천재교육

보충북
포인트 ③가지

▶ 응용 유형을 풀기 위한 워밍업 유형 수록

▶ 응용력 향상 핵심 유형 반복 학습

▶ 수학 교과 역량을 키우는 창의·융합형 문제 수록

수학 리더 유형 1-1

BOOK **2**

● 수를 세어 쓰기

1

2

3

4

5

6

응용력 향상 집중 연습

▶ 정답과 해설 35쪽

◐ 가장 큰 수에 ○표, 가장 작은 수에 △표 하기

1

6
2 4

2

5
8 1

3

7 0
9

4

4 7
3

5

8 2
6 5

6

4 7
6 1

7

0 3
5
7 8

8

4 9
2
6 7

⊙ 짝 지은 두 수의 크기를 비교하여 더 큰 수 쓰기

1
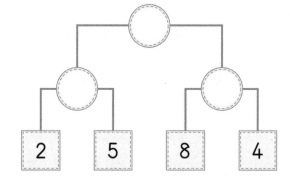

2
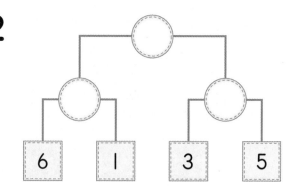

3
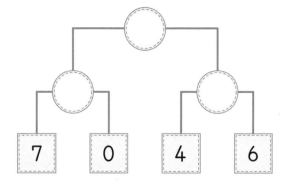

4
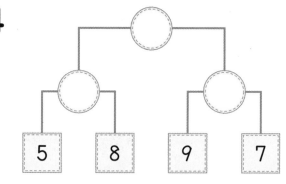

5
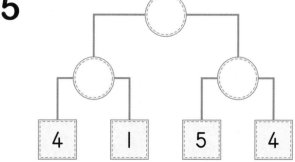

6
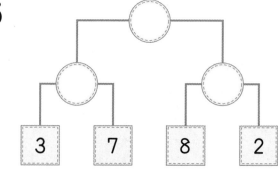

응용력 향상 집중 연습

▶ 정답과 해설 35쪽

조건에 맞는 수에 모두 ○표 하기

1

5보다 큰 수

1 9 3 4 6

2

4보다 작은 수

2 5 9 0 8

3

6보다 큰 수

5 7 3 9 8

4

3보다 크고 6보다 작은 수

8 3 5 7 4

5

5보다 크고 9보다 작은 수

2 7 9 4 8

6

2보다 크고 8보다 작은 수

6 0 5 7 9

● 순서에 맞게 ○를 그려서 전체 수 구하기

보기

●는 왼쪽에서 넷째,
오른쪽에서 둘째

○ ○ ○ ● ○

➜ 모두 **5**개입니다.

1

●는 왼쪽에서 둘째,
오른쪽에서 셋째

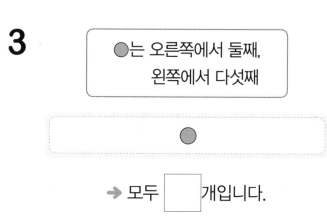

➜ 모두 ☐ 개입니다.

2

●는 왼쪽에서 셋째,
오른쪽에서 다섯째

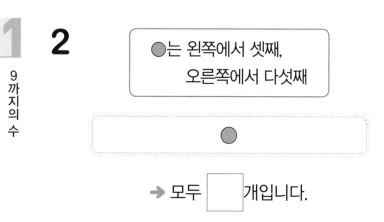

➜ 모두 ☐ 개입니다.

3

●는 오른쪽에서 둘째,
왼쪽에서 다섯째

➜ 모두 ☐ 개입니다.

4

●는 위에서 셋째,
아래에서 셋째

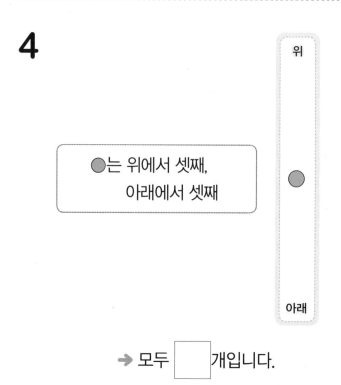

➜ 모두 ☐ 개입니다.

5

●는 아래에서 여섯째,
위에서 셋째

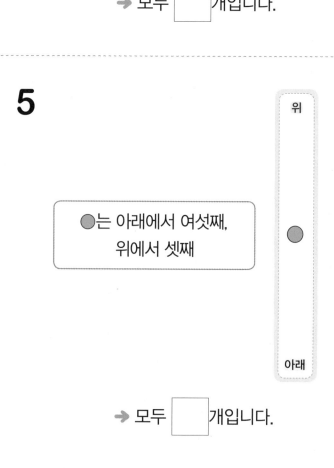

➜ 모두 ☐ 개입니다.

응용력 향상 집중 연습

▶ 정답과 해설 36쪽

작은(큰) 수부터 차례대로 쓰기

1

6
3 4

작은 수부터 차례대로 쓰기

→ ☐, ☐, ☐

2

2
5 7

큰 수부터 차례대로 쓰기

→ ☐, ☐, ☐

3

2 8
5 4

작은 수부터 차례대로 쓰기

→ ☐, ☐, ☐, ☐

4

6 1
4 9

큰 수부터 차례대로 쓰기

→ ☐, ☐, ☐, ☐

5

4 0
9
7 3

작은 수부터 차례대로 쓰기

→ ☐, ☐, ☐, ☐, ☐

6

1 2
7
8 5

큰 수부터 차례대로 쓰기

→ ☐, ☐, ☐, ☐, ☐

창의 1 화살표를 따라가!

규칙 에 따라 ◯ 안에 알맞은 수를 써넣으세요.

규칙

• ➡ 표시는 1만큼 더 큰 수를 씁니다.

• ⬇ 표시는 1만큼 더 작은 수를 씁니다.

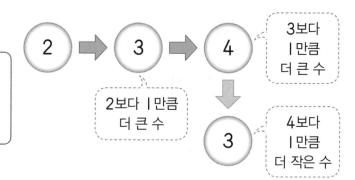

❶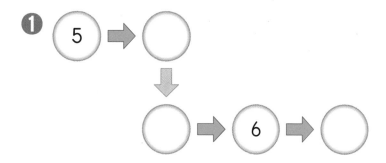

수를 순서대로 썼을 때 1만큼 더 큰 수는 바로 뒤의 수야.

❷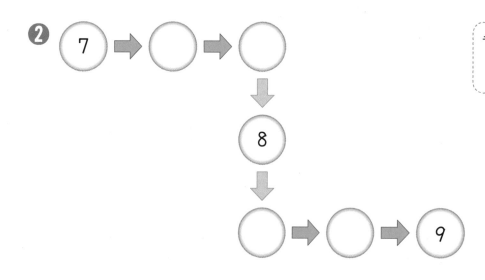

수를 순서대로 썼을 때 1만큼 더 작은 수는 바로 앞의 수야.

코딩 2 코딩을 실행해!

규칙에 따라 수를 만들어 내는 코딩입니다. 보기와 같이 코딩을 실행해 나온 수를 쓰세요.

보기

 시작하기 버튼을 클릭했을 때
숫자는 1부터 시작

2 번 반복하기

1만큼 더 큰 수

 이 코딩을 1번 반복하면
시작 숫자 1보다 1만큼 더 큰 수인 2가 나오고,
2번 반복하면
2보다 1만큼 더 큰 수인 3이 나와.

코딩을 실행해 나온 수 → 3

❶ 시작하기 버튼을 클릭했을 때
숫자는 5부터 시작

3 번 반복하기

1만큼 더 큰 수

코딩을 실행해 나온 수

↓

□

이 코딩을 1번 반복하면
5보다 1만큼 더 큰 수가 나와.

❷ 시작하기 버튼을 클릭했을 때
숫자는 6부터 시작

2 번 반복하기

1만큼 더 작은 수

코딩을 실행해 나온 수

↓

□

이 코딩을 1번 반복하면
6보다 1만큼 더 작은 수가 나와.

◉ 설명하는 모양을 모두 찾아 기호 쓰기

1 어느 방향에서 보아도 항상 둥근 모양이야.

 ㉠ ㉡ ㉢

(   )

2 평평한 부분도 있고 둥근 부분도 있어.

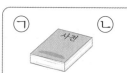 ㉠ ㉡ ㉢

(   )

3 둥근 부분이 없어서 잘 굴러가지 않아.

 ㉠ ㉡ ㉢

(   )

4 어느 방향으로 굴려도 잘 굴러가.

 ㉠ ㉡ ㉢

(   )

5 세우면 잘 쌓을 수 있고 눕히면 잘 굴러가.

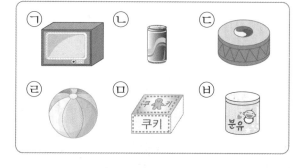

(   )

6 평평한 부분이 있어서 잘 쌓을 수 있어.

 ㉠ ㉡ ㉢
㉣ ㉤ ㉥

(   )

● 두 모양을 만드는 데 모두 사용한 모양에 ○표 하기

1 가　나

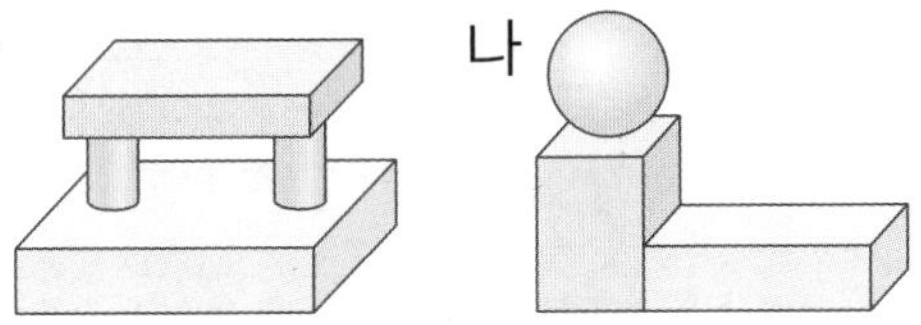

(⬛ , 🔵 , ⚪)

2 가　나

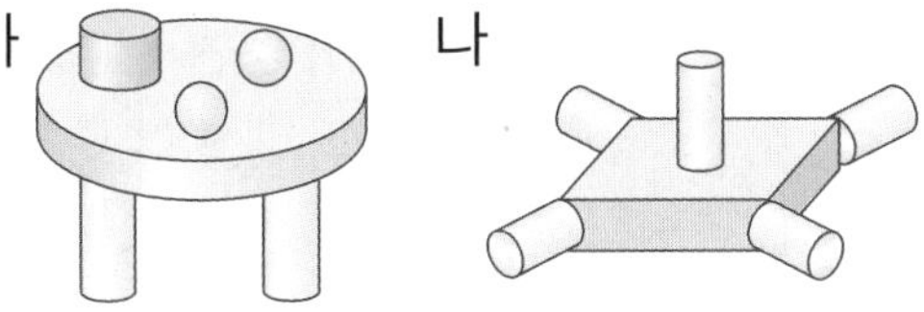

(⬛ , 🔵 , ⚪)

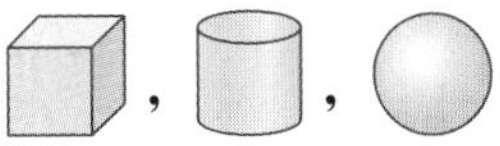

3 가　나

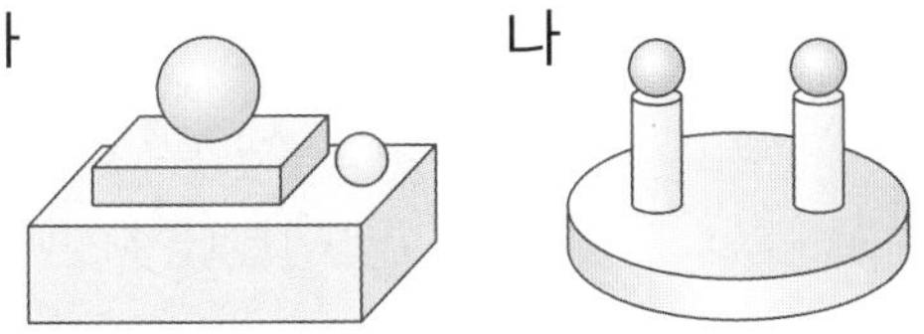

(⬛ , 🔵 , ⚪)

4 가　나

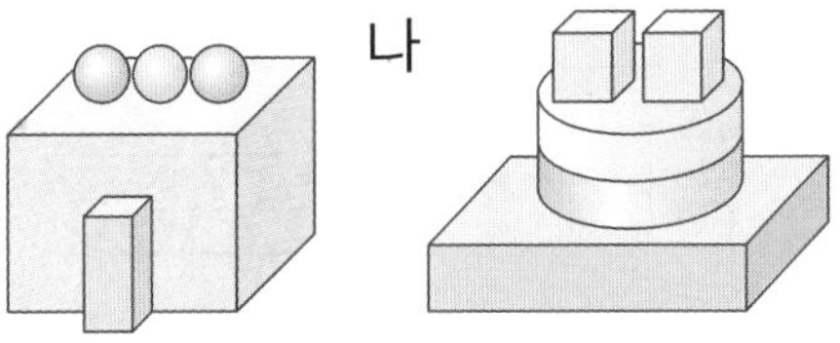

(⬛ , 🔵 , ⚪)

5 가　나

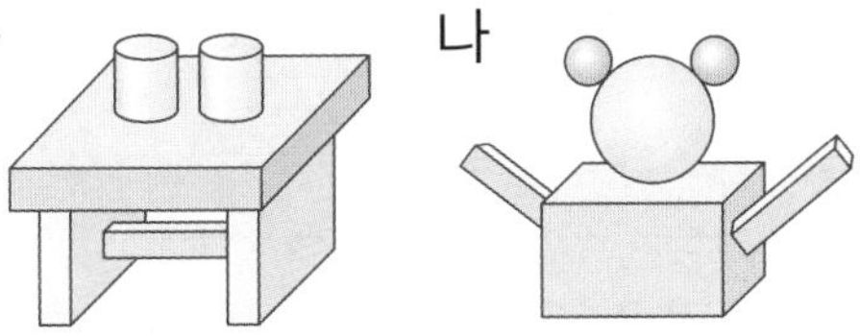

(⬛ , 🔵 , ⚪)

6 가　나

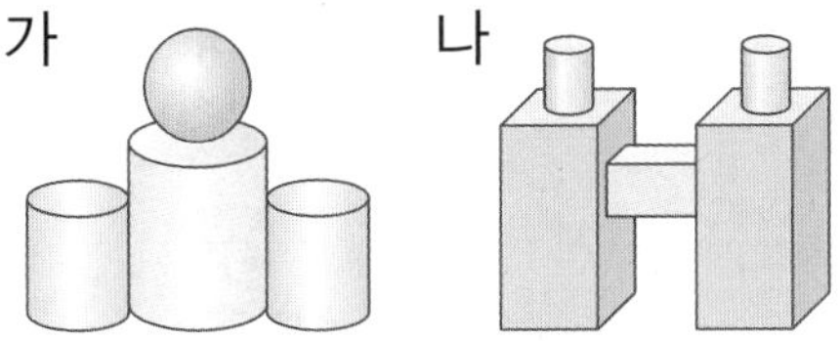

(⬛ , 🔵 , ⚪)

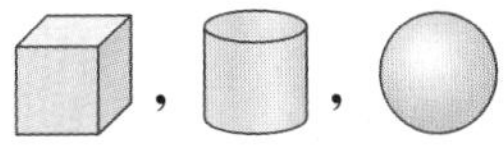

응용력 향상 집중 연습

▶ 정답과 해설 37쪽

◑ 주어진 모양을 모두 사용하여 모양을 만든 사람의 이름 쓰기

1

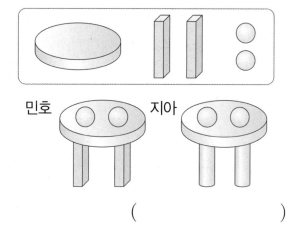

민호   지아

(   )

2

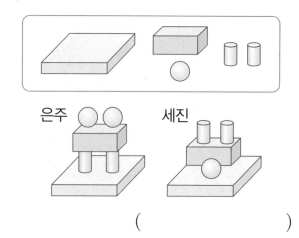

은주   세진

(   )

3

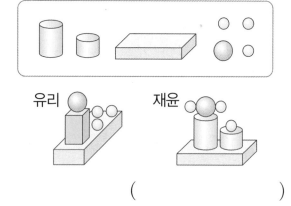

유리   재윤

(   )

4

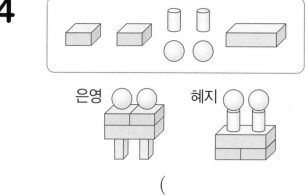

은영   혜지

(   )

5

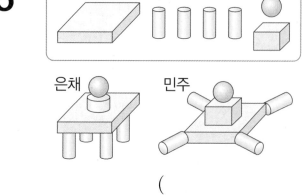

은채   민주

(   )

6

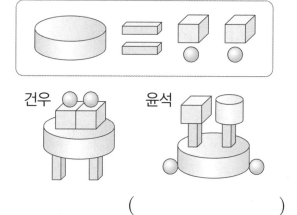

건우   윤석

(   )

● 모양을 만드는 데 가장 많이(적게) 사용한 모양에 ◯표 하기

1
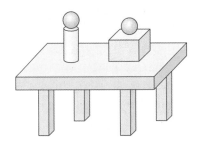
가장 많이 사용한 모양

2
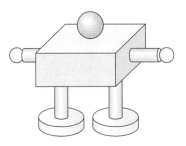
가장 많이 사용한 모양

3
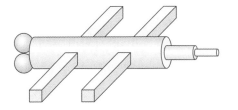
가장 많이 사용한 모양

4
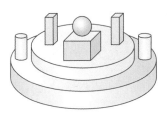
가장 적게 사용한 모양

5
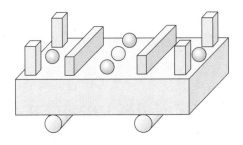
가장 적게 사용한 모양

6
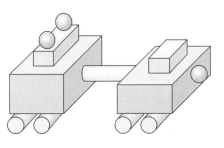
가장 적게 사용한 모양

코딩 1 바뀐 모양을 찾아봐!

단추를 한 번 누르면 다음 규칙으로 모양이 바뀐다고 합니다. 물음에 답하세요.

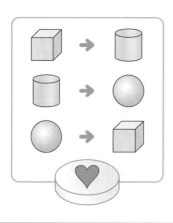 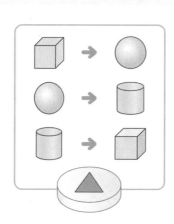 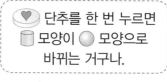 

❶ 를 한 번 눌렀을 때 빈 곳에 알맞은 모양에 ○표 하세요.

❷ 를 한 번 눌렀을 때 빈 곳에 알맞은 모양에 ○표 하세요.

❸ 와 를 차례로 한 번씩 눌렀을 때 빈 곳에 알맞은 모양에 ○표 하세요.

창의 2 미로를 통과해 봐!

시후가 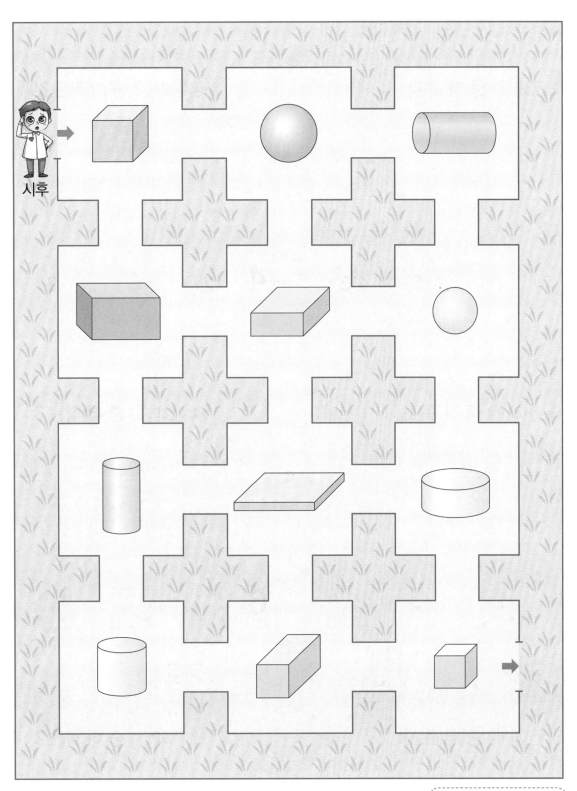 모양이 있는 칸을 따라 미로를 통과합니다. 시후가 지나가는 길을 선으로 나타내 보세요.

무사히 통과했나용~?

◑ 모으기하여 더 큰(작은) 것 찾기

1

| 3 | 1 | | 2 | 4 |

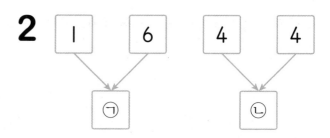

→ ㉠과 ㉡ 중 더 큰 것: ☐

2

| 1 | 6 | | 4 | 4 |

→ ㉠과 ㉡ 중 더 작은 것: ☐

3

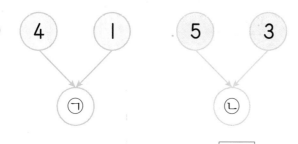

→ ㉠과 ㉡ 중 더 큰 것: ☐

4

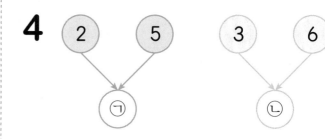

→ ㉠과 ㉡ 중 더 작은 것: ☐

5

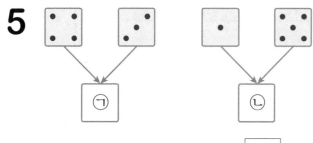

→ ㉠과 ㉡ 중 더 큰 것: ☐

6

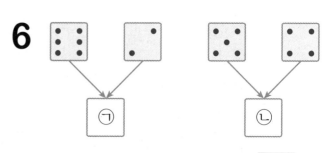

→ ㉠과 ㉡ 중 더 작은 것: ☐

◉ 합 또는 차가 같은 식 만들기

1

2+3

4+□

2

5−2

6−□

3

9−3

8−□

4

4+0

2+□

5

3+6

1+□

6

7−4

3−□

3 응용력 향상 집중 연습

▶ 정답과 해설 39쪽

◑ 세 수를 이용하여 덧셈식(뺄셈식)을 두 가지 만들기

1

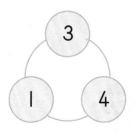

덧셈식: ☐ + ☐ = ☐

☐ + ☐ = ☐

2

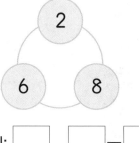

뺄셈식: ☐ − ☐ = ☐

☐ − ☐ = ☐

3

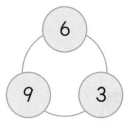

덧셈식: ☐ + ☐ = ☐

☐ + ☐ = ☐

4

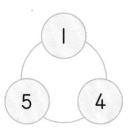

뺄셈식: ☐ − ☐ = ☐

☐ − ☐ = ☐

5

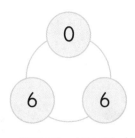

덧셈식: ☐ + ☐ = ☐

☐ + ☐ = ☐

6

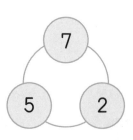

뺄셈식: ☐ − ☐ = ☐

☐ − ☐ = ☐

◉ 한 쪽이 더 많게(적게) 가르기

1 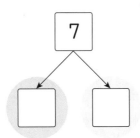 보다 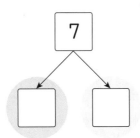 에 더 많게 가르기

```
   ┌───┐
   │ 7 │
   └───┘
   ↙     ↘
┌───┐   ┌───┐
│   │   │   │
└───┘   └───┘
```

2 보다 에 더 적게 가르기

```
   ┌───┐
   │ 4 │
   └───┘
   ↙     ↘
┌───┐   ┌───┐
│   │   │   │
└───┘   └───┘
```

3 보다 에 더 많게 가르기

```
   ┌───┐
   │ 6 │
   └───┘
   ↙     ↘
┌───┐   ┌───┐
│   │   │   │
└───┘   └───┘
```

4 보다 에 더 적게 가르기

```
   ┌───┐
   │ 5 │
   └───┘
   ↙     ↘
┌───┐   ┌───┐
│   │   │   │
└───┘   └───┘
```

5 보다 에 더 많게 가르기

```
   ┌───┐
   │ 8 │
   └───┘
   ↙     ↘
┌───┐   ┌───┐
│   │   │   │
└───┘   └───┘
```

6 보다 에 더 적게 가르기

```
   ┌───┐
   │ 9 │
   └───┘
   ↙     ↘
┌───┐   ┌───┐
│   │   │   │
└───┘   └───┘
```

응용력 향상 집중 연습

▶ 정답과 해설 39쪽

◐ 수 카드 중 2장을 골라 차가 가장 큰 뺄셈식 만들기

1 2 3 5 8

차가 가장 큰 뺄셈식:

(가장 큰 수) □ − (가장 작은 수) □ = □

2 9 2 0 7

차가 가장 큰 뺄셈식:

□ − □ = □

3 6 3 7 4

차가 가장 큰 뺄셈식:

□ − □ = □

4 5 8 7 1

차가 가장 큰 뺄셈식:

□ − □ = □

5 6 8 4 9

차가 가장 큰 뺄셈식:

□ − □ = □

6 4 3 5 6

차가 가장 큰 뺄셈식:

□ − □ = □

3 응용력 향상 집중 연습

♥와 ★에 알맞은 수 구하기

1

$$1 + 3 = ♥,\ ♥ + 2 = ★$$

➜ ♥: ☐, ★: ☐

2

$$7 - 4 = ♥,\ ♥ + 5 = ★$$

➜ ♥: ☐, ★: ☐

3

$$4 + 2 = ♥,\ ♥ - 3 = ★$$

➜ ♥: ☐, ★: ☐

4

$$9 - 2 = ♥,\ ♥ - 0 = ★$$

➜ ♥: ☐, ★: ☐

5

$$0 + 5 = ♥,\ ♥ + ★ = 6$$

➜ ♥: ☐, ★: ☐

6

$$5 - 3 = ♥,\ ♥ + ★ = 5$$

➜ ♥: ☐, ★: ☐

코딩 ① 규칙에 따라 수를 구해 봐!

보기 와 같이 화살표 규칙 에 따라 빈 곳에 알맞은 수를 써넣으세요.

 ⇨와 ⇩의 규칙을 꼭 기억해!

규칙
⇨ : +3   ⇩ : −2

보기

| 출발 2 | ⇨ | 5 |

⇩

| 3 | ⇨ | 6 | ⇨ | 9 |

❶
| 출발 1 | ⇨ | ☐ | ⇨ | ☐ |

⇩

| ☐ | ⇨ | ☐ |

❷
| 출발 4 |

⇩

| ☐ | ⇨ | ☐ | ⇨ | ☐ |

⇩

| ☐ |

창의 2 서로 다른 부분을 찾아봐!

은하 행성에는 외계인 삐빠와 롤리가 살고 있습니다. 서로 다른 부분 **3**곳을 찾아 ○표 하고 물음에 답하세요.

 삐빠와 롤리는 눈의 수가 달라. 각각 세어 덧셈을 해 봐!

❶  삐빠 내 눈이 몇 개야?

☐개~ 롤리

❷  롤리 내 눈은 몇 개야?

☐개~ 삐빠

❸  삐빠 그럼 우리 눈의 수의 합은 몇 개지?

☐ + ☐ = ☐ (개)야. 롤리

응용력 향상 집중 연습

▶ 정답과 해설 **41**쪽

◐ 가장 긴 것을 찾아 ○표 하기

1 (   )

(   )

(   )

2 (   )

(   )

(   )

3 (   ) (   ) (   )

4 (   ) (   ) (   )

5 (   )
(   )
(   )

6 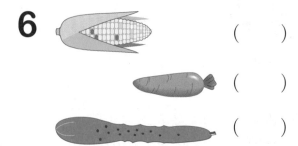 (   )

(   )

(   )

● 길이를 비교하여 ☐ 안에 알맞은 기호 써넣기

1 ㉠

㉡

☐ 은 ☐ 보다 더 깁니다.

2 ㉠

㉡

☐ 은 ☐ 보다 더 짧습니다.

3 ㉠

㉡

㉢

☐ 이 가장 길고, ☐ 이 가장 짧습니다.

4

㉠ ㉡ ㉢

☐ 이 가장 길고, ☐ 이 가장 짧습니다.

5 ㉠

㉡

㉢

㉠은 ☐ 보다 더 짧고, ☐ 보다 더 깁니다.

6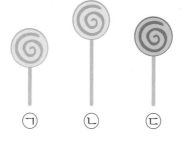

㉠ ㉡ ㉢

㉢은 ☐ 보다 더 짧고, ☐ 보다 더 깁니다.

응용력 향상 집중 연습

▶ 정답과 해설 41쪽

◉ 키가 가장 큰 사람을 찾아 ○표 하기

1

( ) ( ) ( )

2

( ) ( ) ( )

3

( ) ( ) ( )

4

( ) ( ) ( )

5

( ) ( ) ( )

6

( ) ( ) ( )

7

( ) ( ) ( )

8

( ) ( ) ( )

● 보기 에 주어진 것보다 더 무거운 것을 찾아 ○표 하기

1 보기

(　　)　　(　　)　　(　　)

2 보기

(　　)　　(　　)　　(　　)

3 보기

(　　)　　(　　)　　(　　)

4 보기

(　　)　　(　　)　　(　　)

5 보기

(　　)　　(　　)　　(　　)

4 응용력 향상 집중 연습

작은 한 칸의 넓이가 모두 같을 때 색칠한 부분이 보기에 주어진 것보다 더 넓은 것을 찾아 ○표 하기

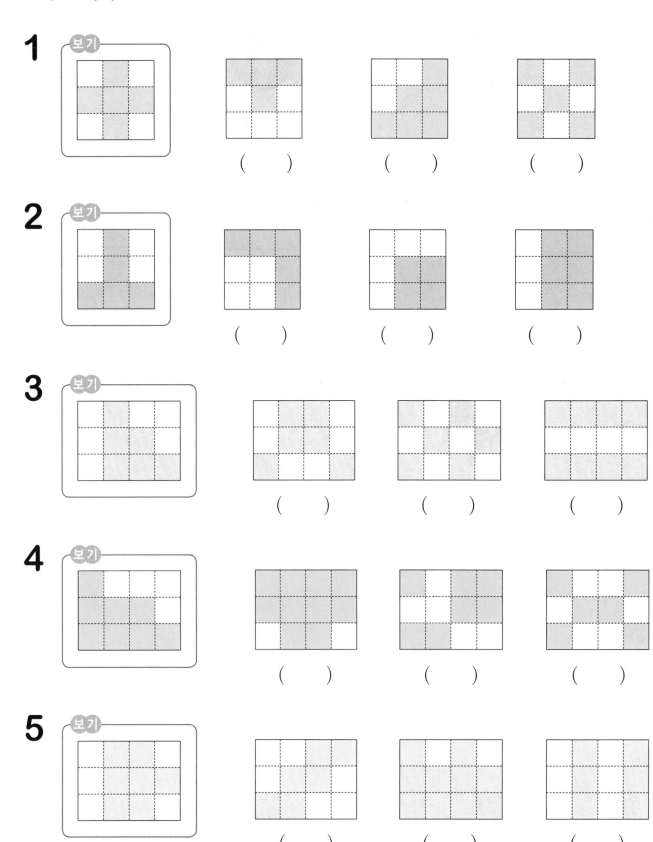

1 보기

( ) ( ) ( )

2 보기

( ) ( ) ( )

3 보기

( ) ( ) ( )

4 보기

( ) ( ) ( )

5 보기

( ) ( ) ( )

4

비교하기

● 담긴 물의 양이 가장 많은 것에 ○표 하기

1

( ) ( ) ( )

2

( ) ( ) ( )

3

( ) ( ) ( )

4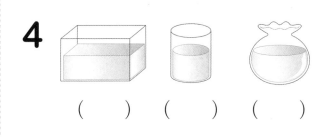

( ) ( ) ( )

5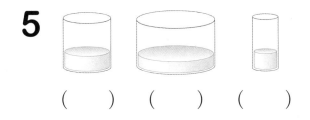

( ) ( ) ( )

6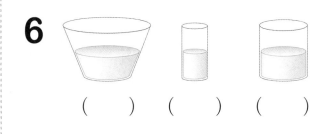

( ) ( ) ( )

7

( ) ( ) ( )

8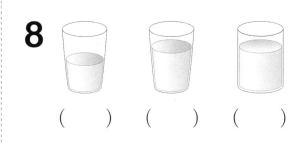

( ) ( ) ( )

코딩 1 원숭이 엉덩이는 빨개~

동요 '원숭이 엉덩이는 빨개'는 특징을 연결하여 만든 노래입니다. 이와 같은 방법으로 보기 에서 알맞은 단어를 찾아 □ 안에 써넣으세요.

원숭이 엉덩이는 빨개
빨가면 사과
사과는 맛있어
맛있으면 바나나
바나나는 길어
길으면 기차
기차는 빨라
빠르면 비행기
비행기는 높아
높으면 백두산

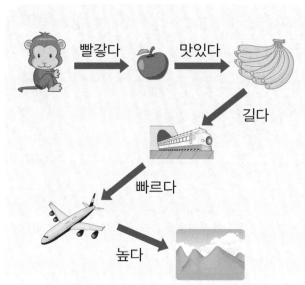

보기

| 동화책 | 버스 |

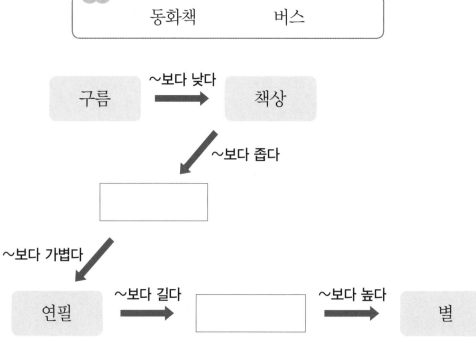

▶ 정답과 해설 **42**쪽

창의2 그림이 어떻게 바뀌었을까?

흥부네 집에 제비가 물어다 준 박씨가 자라 박이 주렁주렁 열렸습니다. 왼쪽 그림에서 오른쪽 그림으로 달라진 **3**곳을 찾아 비교하여 알맞은 말에 ○표 하세요.

❶ 남자아이의 바지가 더 (좁아 , 짧아)졌습니다.

❷ 지붕이 더 (넓어 , 낮아)졌습니다.

❸ 흥부가 더 (많은 , 무거운) 것을 들고 있습니다.

◉ 밑줄 친 수를 바르게 읽은 것에 ○표 하기

1

냉장고에 아이스크림이
<u>10</u>개 있습니다.

(십 , 열)

2

축구 선수 리오넬 메시의 등번호는
<u>10</u>번입니다.

(십 , 열)

3

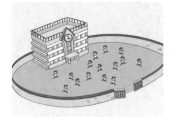

운동장에 학생이
<u>15</u>명 있습니다.

(십오 , 열다섯)

4

내 생일은
9월 <u>20</u>일입니다.

(이십 , 스물)

5

이 병원은 생긴지
<u>37</u>년이 되었습니다.

(삼십칠 , 서른일곱)

6

우리 아빠의 나이는
<u>46</u>살입니다.

(사십육 , 마흔여섯)

◑ 가장 큰 수에 ○표 하기

1

쉰	서른다섯	사십칠
( )	( )	( )

2

열둘	스물	십삼
( )	( )	( )

3

삼십사	서른	마흔아홉
( )	( )	( )

4

이십육	스물셋	열일곱
( )	( )	( )

5

사십일	이십팔	마흔여덟
( )	( )	( )

● ●보다 크고 ▲보다 작은 수 모두 구하기

1

| 14보다 크고 18보다 작은 수 |

(   )

2

| 17보다 크고 21보다 작은 수 |

(   )

3

| 22보다 크고 27보다 작은 수 |

(   )

4

| 29보다 크고 33보다 작은 수 |

(   )

5

| 38보다 크고 43보다 작은 수 |

(   )

6

| 44보다 크고 50보다 작은 수 |

(   )

◑ **전체 개수 구하기**

1

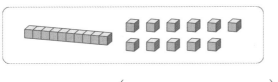

(   )

2

| 10개씩 묶음 1개와 낱개 19개 |

(   )

3

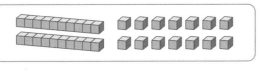

(   )

4

| 10개씩 묶음 2개와 낱개 18개 |

(   )

5

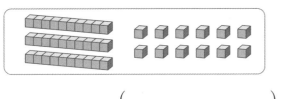

(   )

6

| 10개씩 묶음 3개와 낱개 17개 |

(   )

◉ 설명을 만족하는 수를 모두 찾아 ○표 하기

1 | 10개씩 묶음 1개와 낱개 3개인 수보다 큰 수 → (10 , 14 , 31 , 13)

2 | 10개씩 묶음 2개와 낱개 5개인 수보다 작은 수 → (23 , 45 , 36 , 17)

3 | 10개씩 묶음 2개와 낱개 8개인 수보다 큰 수 → (34 , 12 , 43 , 20)

4 | 10개씩 묶음 3개와 낱개 7개인 수보다 작은 수 → (38 , 30 , 41 , 29)

5 | 10개씩 묶음 4개와 낱개 2개인 수보다 작은 수 → (44 , 40 , 27 , 33)

● 수 카드 2장을 골라 한 번씩만 사용하여 가장 큰(작은) 몇십몇(몇십) 만들기

1

| 1 | 3 | 4 |

가장 큰 몇십몇: ☐

2

| 0 | 1 | 2 |

가장 큰 몇십몇: ☐

3

| 4 | 2 | 5 |

가장 작은 몇십몇: ☐

4

| 2 | 0 | 3 |

가장 작은 몇십: ☐

> 10개씩 묶음의 수는 0이 될 수 없어!

5

| 2 | 3 | 1 |

• 가장 큰 몇십몇: ☐

• 가장 작은 몇십몇: ☐

6

| 3 | 4 | 0 |

• 가장 큰 몇십몇: ☐

• 가장 작은 몇십: ☐

코딩 1 화살표의 규칙을 찾아봐!

화살표의 규칙에 따라 수를 쓴 것입니다. 물음에 답하세요.

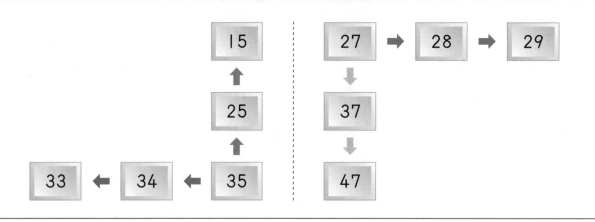

❶ 각 화살표의 규칙을 찾아 수가 어떻게 변하는지 설명해 보세요.

➡ : 1만큼 더 큰 수

⬅ : 1만큼 더 ☐

⬆ : 10개씩 묶음의 수가 1만큼 더 작은 수

⬇ : 10개씩 묶음의 수가 1만큼 더 ☐

❷ 화살표의 규칙에 맞게 ☐ 안에 알맞은 수를 써넣으세요.

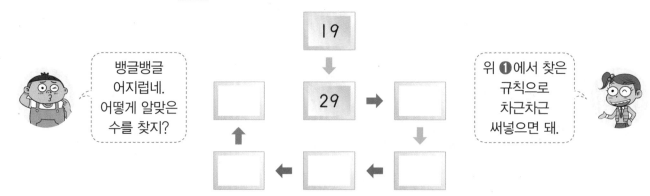

뱅글뱅글 어지럽네. 어떻게 알맞은 수를 찾지?

위 ❶에서 찾은 규칙으로 차근차근 써넣으면 돼.

창의 2 5월 날짜에 사용되는 5는 모두 몇 개인지 구해 봐!

공책에 5월 날짜를 모두 써 보았습니다. 날짜를 쓰는 데 사용한 숫자 5는 모두 몇 개인가요?

5월 1일	5월 2일	5월 3일	5월 4일	5월 5일
5월 6일	5월 7일	5월 8일	5월 9일	5월 10일
5월 11일	5월 12일	5월 13일	5월 14일	5월 15일
5월 16일	5월 17일	5월 18일	5월 19일	5월 20일
5월 21일	5월 22일	5월 23일	5월 24일	5월 25일
5월 26일	5월 27일	5월 28일	5월 29일	5월 30일
5월 31일				

'월' 앞에 쓴 5는 10개씩 묶음 3개와 낱개 ☐ 개인 수만큼 있네.

그렇다면 '일' 앞에 쓴 5의 개수만 더 구하면 되겠다.

그럼, 5월 날짜를 쓰는 데 사용한 숫자 5는 모두 몇 개지?

☐ 개야!

빈틈없는
수준별 학습으로
빠져나갈 구멍 없이
완전봉쇄!

사고력

서술형

독해력

이제 긴 문제도
어렵지 않아요!

기본기와 서술형을 한 번에, 확실하게
수학 자신감은 덤으로!

수학리더 시리즈 (초1~6 / 학기용)

[연산]　　　　　[개념]　　　　　[기본]　　　　　[유형]　　　　[기본＋응용]　　　[응용·심화]　　　　[최상위]

(*예비초~초6/총14단계)　　　　　　　　　　　　　　　　　　　　　　　　　　　　　　　　　　　　(*초3~6)

book.chunjae.co.kr

교재 내용 문의 ················· 교재 홈페이지 ▶ 초등 ▶ 교재상담
교재 내용 외 문의 ················· 교재 홈페이지 ▶ 고객센터 ▶ 1:1문의
발간 후 발견되는 오류 ············· 교재 홈페이지 ▶ 초등 ▶ 학습지원 ▶ 학습자료실

수학의 자신감을 키워 주는 **초등 수학 교재**

난이도 한눈에 보기!

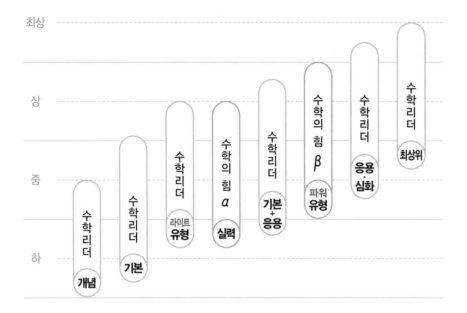

차세대 리더

시험 대비교재

● 올백 전과목 단원평가   1~6학년/학기별
(1학기는 2~6학년)

● HME 수학 학력평가   1~6학년/상·하반기용

● HME 국어 학력평가   1~6학년

논술·한자교재

● YES 논술   1~6학년/총 24권

● 천재 NEW 한자능력검정시험 자격증 한번에 따기   8~5급(총 7권) / 4급~3급(총 2권)

영어교재

● READ ME
– Yellow 1~3   2~4학년(총 3권)
– Red 1~3   4~6학년(총 3권)

● Listening Pop   Level 1~3

● Grammar, ZAP!
– 입문   1, 2단계
– 기본   1~4단계
– 심화   1~4단계

● Grammar Tab   총 2권

● Let's Go to the English World!
– Conversation   1~5단계, 단계별 3권
– Phonics   총 4권

예비중 대비교재

● 천재 신입생 시리즈   수학 / 영어

● 천재 반편성 배치고사 기출 & 모의고사

40년의 역사
전국 초·중학생 213만 명의 선택

HME 학력평가
해법수학 · 해법국어

응시 학년

수학 | 초등 1학년 ~ 중학 3학년
국어 | 초등 1학년 ~ 초등 6학년

응시 횟수

수학 | 연 2회 (6월 / 11월)
국어 | 연 1회 (11월)

주최 **천재교육** | 주관 **한국학력평가 인증연구소** | 후원 **서울교육대학교**

*응시 날짜는 변동될 수 있으며, 더 자세한 내용은 HME 홈페이지에서 확인 바랍니다.

수학의 힘[감마]

수학리더[최상위]

수학의 힘[베타]

수학리더
[응용·심화]

최상

심화

난이도

수학리더
[기본+응용]

수학도
독해가 힘이다

초등 문해력
독해가 힘이다
[문장제 수학편]

수학리더[유형]

수학의 힘[알파]

유형

수학리더[개념]

수학리더[기본]

개념

계산박사

수학리더[연산]

기초
연산

최하

초등 수학 라인업

New 해법 수학

학기별 1~3호   방학 개념 학습

GO! 매쓰 시리즈

Start/Run A–C/Jump

평가 대비 특화 교재

단원 평가 마스터   HME 수학 학력평가   예비 중학 신입생 수학

수학리더 유형

22개정 교육과정 반영

해법전략

BOOK 3

1-1

리더가 되기 위한
공부 비법

BOOK 1
유형북
개념별 유형
+ 꼬리를 무는 유형
+ 수학 독해력 유형

BOOK 2
보충북
응용력 향상 집중 연습
+ 창의·융합·코딩 학습

천재교육

해법전략
포인트 3가지

▶ 혼자서도 이해할 수 있는 친절한 문제 풀이

▶ 참고, 주의, 중요, 전략 등 자세한 풀이 제시

▶ 다른 풀이를 제시하여 다양한 방법으로 문제 풀이 가능

1. 9까지의 수

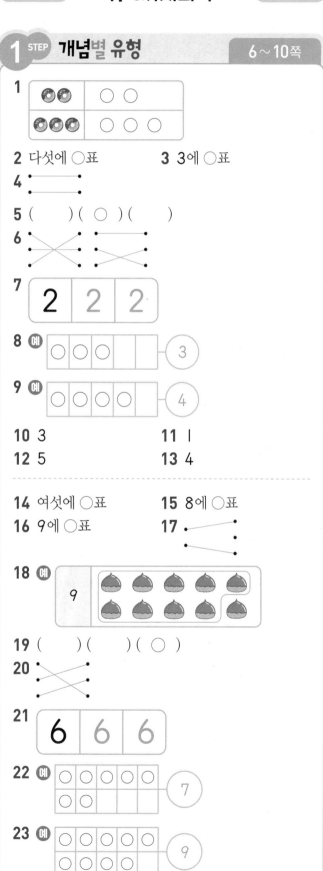

1

2 다섯에 ○표 **3** 3에 ○표

4

5 ( ) (○) ( )

6

7 2 2 2

8 예

3

9 예

4

10 3 **11** |

12 5 **13** 4

14 여섯에 ○표 **15** 8에 ○표

16 9에 ○표 **17**

18 예

9

19 ( ) ( ) (○)

20

21 6 6 6

22 예

7

23 예

9

24 6

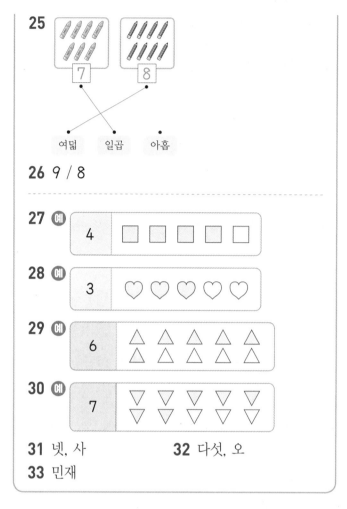

25

7 8

여덟 일곱 아홉

26 9 / 8

27 예

4 □ □ □ □ □

28 예

3 ♡ ♡ ♡ ♡ ♡

29 예

6 △ △ △ △ △ △ △ △ △ △

30 예

7 ▽ ▽ ▽ ▽ ▽ ▽ ▽ ▽ ▽ ▽

31 넷, 사 **32** 다섯, 오

33 민재

2 자동차의 수를 세어 보면 하나, 둘, 셋, 넷, 다섯이므로 다섯에 ○표 합니다.

3 오징어의 수를 세어 보면 하나, 둘, 셋이므로 3입니다.

5 풍선의 수를 세어 보면 왼쪽부터 차례로 3, 2, 5입니다.

6 ⚃ → 3(삼), ⚀ → |(일), ⚃ → 4(사)

8 ♡이 하나, 둘, 셋이므로 ○를 3개 그리고 3을 씁니다.

9 ♡이 하나, 둘, 셋, 넷이므로 ○를 4개 그리고 4를 씁니다.

10 게의 수를 세어 보면 하나, 둘, 셋이므로 3입니다.

11 고래의 수를 세어 보면 하나이므로 |입니다.

12 오를 수로 쓰면 5입니다.

13 나비의 수를 세어 보면 하나, 둘, 셋, 넷이므로 4입니다.

14 개구리의 수를 세어 보면 하나, 둘, 셋, 넷, 다섯, 여섯이므로 여섯에 ○표 합니다.

15 연필의 수를 세어 보면 하나, 둘, 셋, 넷, 다섯, 여섯, 일곱, 여덟이므로 8입니다.

16 클립의 수를 세어 보면 하나, 둘, 셋, 넷, 다섯, 여섯, 일곱, 여덟, 아홉이므로 9입니다.

18 하나부터 아홉까지 세면서 묶습니다.

19 사탕의 수를 세어 보면 왼쪽부터 차례로 5, 6, 7입니다.

20 7 ➡ 일곱, 칠   6 ➡ 여섯, 육   9 ➡ 아홉, 구

22 ●가 하나, 둘, 셋, 넷, 다섯, 여섯, 일곱이므로 ○를 7개 그리고 7을 씁니다.

23 ●가 하나, 둘, 셋, 넷, 다섯, 여섯, 일곱, 여덟, 아홉이므로 ○를 9개 그리고 9를 씁니다.

24 자동차의 수를 세어 보면 하나, 둘, 셋, 넷, 다섯, 여섯이므로 6입니다.

25 크레파스의 수는 일곱이므로 7이라고 쓰고 일곱과 잇습니다. 연필의 수는 여덟이므로 8이라고 쓰고 여덟과 잇습니다.

26 조개의 수는 아홉이므로 9개 있고, 물고기의 수는 여덟이므로 8마리 있습니다.

27 4는 넷이므로 하나, 둘, 셋, 넷까지 세면서 색칠합니다.

29 6은 여섯이므로 하나, 둘, 셋, 넷, 다섯, 여섯까지 세면서 색칠합니다.

31 4는 넷 또는 사라고 읽습니다.

> **참고**
> 수를 두 가지 방법으로 읽을 수 있습니다.
> **예** 1 ➡ 하나, 일   2 ➡ 둘, 이   3 ➡ 셋, 삼

32 손가락의 수를 세어 보면 하나, 둘, 셋, 넷, 다섯이므로 5입니다. 5는 다섯 또는 오라고 읽습니다.

33 은우: 9는 아홉 또는 구라고 읽습니다.

1~6 형성평가 11쪽

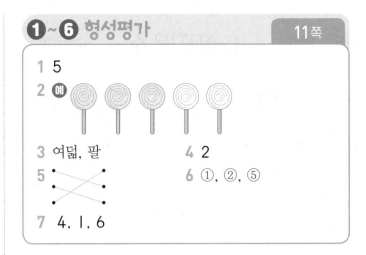

1 5
2 예
3 여덟, 팔   **4** 2
5
6 ①, ②, ⑤
7 4, 1, 6

3 바나나의 수를 세어 보면 하나, 둘, 셋, 넷, 다섯, 여섯, 일곱, 여덟이므로 8입니다. 8은 여덟 또는 팔이라고 읽습니다.

5 5 ➡ 다섯, 오   9 ➡ 아홉, 구   4 ➡ 넷, 사

6 컵의 수를 세어 보면 하나, 둘, 셋, 넷, 다섯, 여섯, 일곱이므로 7입니다.
7은 일곱 또는 칠이라고 읽습니다.

7 ▭ : 하나, 둘, 셋, 넷 ➡ 4개
▭ : 하나 ➡ 1개
● : 하나, 둘, 셋, 넷, 다섯, 여섯 ➡ 6개

1 STEP 개념별 유형 12~14쪽

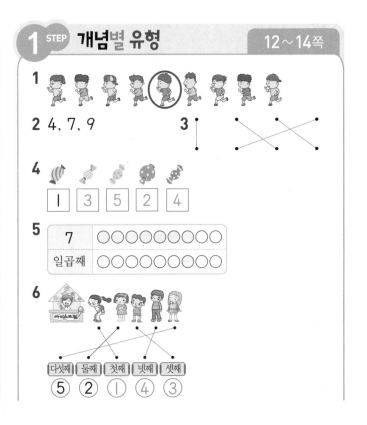

2 4, 7, 9   **3**
4 1 3 5 2 4
5
7	○○○○○○○○○○
일곱째	○○○○○○○○○○
6
다섯째	둘째	첫째	넷째	셋째
⑤	②	①	④	③

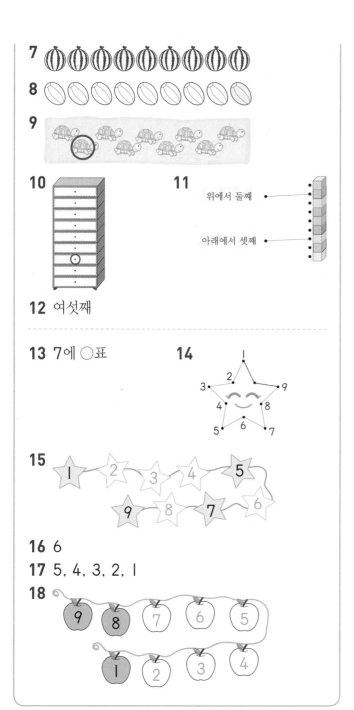

7 (수박 그림)

8 (참외 그림)

9 (거북 그림)

10 (서랍장 그림)

11
위에서 둘째 •
아래에서 셋째 •

12 여섯째

13 7에 ○표

14 (별 잇기 그림)

15 (별 순서 그림)

16 6

17 5, 4, 3, 2, 1

18 (사과 순서 그림)

---

4 좋아하는 순서대로 1, 2, 3, 4, 5를 씁니다.

5 7은 수를 나타내므로 7개를 색칠하고, 일곱째는 순서를 나타내므로 일곱째 그림 하나에만 색칠합니다.

6 첫째는 1, 둘째는 2, 셋째는 3, 넷째는 4, 다섯째는 5로 나타냅니다.

7 왼쪽에서부터 순서를 알아보고 넷째 그림에 색칠합니다.

9 오른쪽에서부터 순서를 세어 여덟째 거북에 ○표 합니다.

---

11 주의
기준이 위에서부터인지, 아래에서부터인지에 따라 순서가 달라집니다.

12 오른쪽에서부터 첫째, 둘째, 셋째, 넷째, 다섯째, 여섯째이므로 빨간색 장화는 오른쪽에서 여섯째입니다.

14 1 − 2 − 3 − 4 − 5 − 6 − 7 − 8 − 9의 순서로 잇습니다.

17 순서를 거꾸로 세어 5부터 1까지의 수를 쓰면 5, 4, 3, 2, 1입니다.

18 순서를 거꾸로 세어 9부터 1까지의 수를 쓰면 9, 8, 7, 6, 5, 4, 3, 2, 1입니다.

7~10 형성평가 　　15쪽

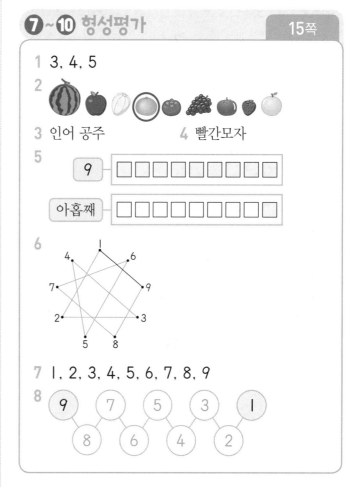

1 3, 4, 5

2 (과일 그림)

3 인어 공주　　**4** 빨간모자

5
9 ☐☐☐☐☐☐☐☐☐
아홉째 ☐☐☐☐☐☐☐☐☐

6 (숫자 잇기 그림)

7 1, 2, 3, 4, 5, 6, 7, 8, 9

8 (사과 순서 9, 7, 5, 3, 1 / 8, 6, 4, 2)

---

1 첫째는 1, 둘째는 2, 셋째는 3, 넷째는 4, 다섯째는 5로 나타냅니다.

3 위에서 첫째는 흥부와 놀부, 둘째는 장발장, 셋째는 인어 공주입니다.

4 아래에서 첫째는 견우와 직녀, 둘째는 피노키오, 셋째는 선녀와 나무꾼, 넷째는 미운 오리 새끼, 다섯째는 빨간모자입니다.

5 9는 수를 나타내므로 9개를 색칠하고, 아홉째는 순서를 나타내므로 아홉째 그림 하나에만 색칠합니다.

6 1 - 2 - 3 - 4 - 5 - 6 - 7 - 8 - 9의 순서로 잇습니다.

7 1부터 9까지의 수를 순서대로 쓰면
1, 2, 3, 4, 5, 6, 7, 8, 9입니다.

8 순서를 거꾸로 세어 9부터 1까지의 수를 쓰면
9, 8, 7, 6, 5, 4, 3, 2, 1입니다.

1 STEP 개념별 유형   16~18쪽

1 6
2 4
3 (   ) (   ) (○)
4 4
5 8
6 (왼쪽부터) 1, 3
7 (왼쪽부터) 6, 8
8 2
9 7에 ○표
10 (왼쪽부터) 7, 9
11 8번
12
| 0 | 0 | 0 | 0 |

13 1, 0
14 0

15 많습니다에 ○표 / 큽니다에 ○표
16 적습니다에 ○표 / 작습니다에 ○표
17 작습니다에 ○표
18 8에 ○표
19 7에 ○표
20 6, 7, 8, 9에 ○표 / 1, 2, 3, 4에 △표
21 5에 ○표
22 9, 2 / 2, 9

1 5보다 1만큼 더 큰 수는 5 바로 뒤의 수인 6입니다.

2 5보다 1만큼 더 작은 수는 5 바로 앞의 수인 4입니다.

3 4보다 1만큼 더 큰 수는 4 바로 뒤의 수인 5입니다.

4 3보다 1만큼 더 큰 수는 3 바로 뒤의 수인 4입니다.

5 9보다 1만큼 더 작은 수는 9 바로 앞의 수인 8입니다.

6 1 - 2 - 3
➡ 2보다 1만큼 더 작은 수는 1이고, 2보다 1만큼 더 큰 수는 3입니다.

7 6 - 7 - 8
➡ 7보다 1만큼 더 작은 수는 6이고, 7보다 1만큼 더 큰 수는 8입니다.

8 1보다 1만큼 더 큰 수는 2입니다.

9 강아지의 수는 여섯(6)이므로 6보다 1만큼 더 큰 수는 7입니다.

10 사과의 수는 8입니다. 8보다 1만큼 더 큰 수는 8 바로 뒤의 수인 9이고, 8보다 1만큼 더 작은 수는 8 바로 앞의 수인 7입니다.

11 9보다 1만큼 더 작은 수는 8이므로 유림이는 줄넘기를 8번 넘었습니다.

15 밤은 도토리보다 많으므로 5(밤의 수)는 4(도토리의 수)보다 큽니다.

16 도토리는 밤보다 적으므로 4(도토리의 수)는 5(밤의 수)보다 작습니다.

17 4는 7보다 앞에 있으므로 4는 7보다 작습니다.

18 전략
수를 순서대로 썼을 때 뒤에 있을수록 큰 수입니다.

1 2 ③ 4 5 6 7 ⑧ 9
➡ 3과 8 중 더 큰 수는 8입니다.

19 1 2 3 4 ⑤ 6 ⑦ 8 9
➡ 7과 5 중 더 큰 수는 7입니다.

20 5보다 큰 수는 6, 7, 8, 9이고, 5보다 작은 수는 1, 2, 3, 4입니다.

21 1 - 2 - 3 - 4 - ⑤ - ⑥ - 7 - 8 - 9
          └→ 6보다 작은 수
➡ 주어진 수 중 6보다 작은 수는 5입니다.

22 9와 2 중 더 큰 수는 9이고 더 작은 수는 2입니다.
9는 2보다 큽니다.   2는 9보다 작습니다.
더 큰 수 더 작은 수   더 작은 수 더 큰 수

⓫~⓭ 형성평가 19쪽

1 2, 1, 0   2 8

3 ⓐ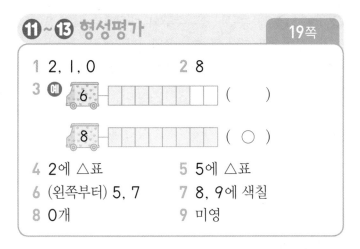

4 2에 △표   5 5에 △표
6 (왼쪽부터) 5, 7   7 8, 9에 색칠
8 0개   9 미영

3 6은 6칸, 8은 8칸만큼 색칠하고, 색칠한 칸을 하나씩 짝지어 보면 아래쪽이 남으므로 8이 6보다 큽니다.

4 전략
수를 순서대로 썼을 때 앞에 있을수록 작은 수입니다.

1 **2** 3 4 5 6 **7** 8 9
➡ 2와 7 중 더 작은 수는 2입니다.

6 6보다 1만큼 더 작은 수는 6 바로 앞의 수인 5입니다.
6보다 1만큼 더 큰 수는 6 바로 뒤의 수인 7입니다.

7 7보다 큰 수는 7 뒤에 있는 수이므로 8, 9입니다.

9 5와 3 중 더 큰 수는 5이므로 미영이의 수가 더 큽니다.

2 STEP 꼬리를 무는 유형 20~23쪽

1 (1) 5   (2) 7   2 (1) 1   (2) 6
3 4   4 여덟에 색칠
5 일곱에 ✕표   6 석현
7 5   8 8
9 3명   10 유찬
11 ㉠   12 구
- -
13 6등   14 8번
15 7층   16 형우
17 지성   18 유찬
19 5   20 8
21 4개   22 9
23 (   )(○)(△)
24 5, 6, 7

2 (1) 4부터 순서를 거꾸로 세어 수를 쓰면 4, 3, 2, 1입니다.

(2) 8부터 순서를 거꾸로 세어 수를 쓰면 8, 7, 6, 5입니다.

4 6은 여섯 또는 육이라고 읽습니다.

5 ●를 세어 보면 5개이고, 5는 다섯 또는 오라고 읽습니다.

6 수로 나타내면 현주, 민희, 희정이는 4, 석현이는 3입니다.

8 7보다 1만큼 더 큰 수는 7 바로 뒤의 수인 8입니다.

9 4보다 1만큼 더 작은 수는 4 바로 앞의 수인 3입니다.

10 층수는 일 층, 이 층, 삼 층, ...으로 읽습니다.
5층 ➡ 오 층

11 나이는 한 살, 두 살, 세 살, ...로 읽습니다.
㉡ 하린이 동생의 나이는 여섯 살입니다.

12 출석 번호는 일 번, 이 번, 삼 번, ...으로 읽습니다.
9번 ➡ 구 번

13 5등 바로 뒤에 들어온 어린이의 등수는 5 바로 다음의 수가 6이므로 6등입니다.

15 8 바로 앞의 수는 7이므로 민호는 7층에 살고 있습니다.

16 5와 4 중 더 큰 수는 5이므로 장미를 더 많이 가지고 있는 사람은 형우입니다.

17 8과 6 중 더 작은 수는 6이므로 팔굽혀펴기를 더 적게 한 사람은 지성입니다.

18 3과 7 중 더 큰 수는 7이므로 동생의 나이가 더 많은 사람은 유찬입니다.

19 □보다 1만큼 더 큰 수가 6이므로 □는 6보다 1만큼 더 작은 수입니다.
➡ □는 5입니다.

20 □보다 1만큼 더 작은 수가 7이므로 □는 7보다 1만큼 더 큰 수입니다.
➡ □는 8입니다.

21 유빈이가 먹은 귤은 찬혁이가 먹은 귤보다 1개 더 많으므로 찬혁이가 먹은 귤은 유빈이가 먹은 귤보다 1개 더 적습니다. 5보다 1만큼 더 작은 수는 4이므로 찬혁이가 먹은 귤은 4개입니다.

22 작은 수부터 차례대로 쓰면 3, 5, 6, 9이므로 가장 큰 수는 9입니다.

23 세 수를 작은 수부터 차례대로 쓰면 2, 5, 7이므로 가장 큰 수는 7이고 가장 작은 수는 2입니다.

24 ㉠은 4보다 큰 수이므로 5, 6, 7, 8, 9입니다.
㉡은 8보다 작은 수이므로 1, 2, 3, 4, 5, 6, 7입니다. 따라서 ㉠과 ㉡에 공통으로 들어갈 수 있는 수는 5, 6 ,7입니다.

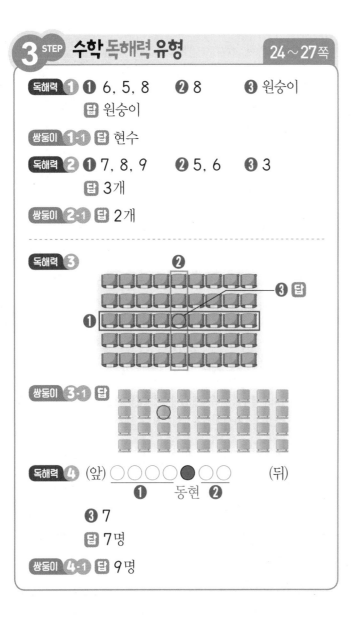

3 STEP 수학 독해력 유형 `24~27쪽`

독해력 **1** **①** 6, 5, 8 **②** 8 **③** 원숭이
답 원숭이

쌍둥이 **1-1** 답 현수

독해력 **2** **①** 7, 8, 9 **②** 5, 6 **③** 3
답 3개

쌍둥이 **2-1** 답 2개

독해력 **3**

쌍둥이 **3-1**

독해력 **4** (앞) ○○○○○●○○ (뒤)
　　　　　　　　　①　동현　②
　　③ 7
　　답 7명

쌍둥이 **4-1** 답 9명

독해력 **1** **①** **②** 세 수를 작은 수부터 차례대로 쓰면 5, 6, 8이므로 가장 큰 수는 8입니다.
③ 8이 가장 큰 수이므로 8마리인 원숭이가 가장 많습니다.

쌍둥이 **1-1** **①** 사탕 수 구하기: 소희 3개, 현수 7개, 준호 5개
② 사탕 수 중 가장 큰 수: 7
③ 사탕을 가장 많이 가지고 있는 사람: 현수

독해력 **2** **①** 1, 2, 3, <u>4, 5, 6, 7, 8, 9</u>
　　　　　　　　3보다 큰 수
② 4, 5, 6, 7, 8, 9 중 7보다 작은 수는 4, 5, 6입니다.
③ 3보다 크고 7보다 작은 수는 4, 5, 6으로 모두 3개입니다.

쌍둥이 **2-1** **①** 9까지의 수 중 2보다 큰 수:
3, 4, 5, 6, 7, 8, 9
② 위 **①**의 수 중 5보다 작은 수: 3, 4
③ 2보다 크고 5보다 작은 수의 개수: 2개

독해력 **3**

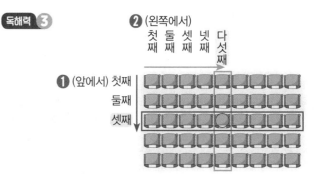

③ 위 **①**과 **②**에서 표시한 부분이 겹치는 자리(○표 한 곳)가 진영이의 자리입니다.

쌍둥이 **3-1**

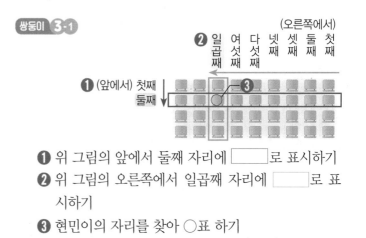

① 위 그림의 앞에서 둘째 자리에 ☐로 표시하기
② 위 그림의 오른쪽에서 일곱째 자리에 ☐로 표시하기
③ 현민이의 자리를 찾아 ○표 하기

독해력 **4** ❶ 앞에서 다섯째이므로 동현이의 앞에는 첫째, 둘째, 셋째, 넷째가 있습니다.

❷ 뒤에서 셋째이므로 동현이의 뒤에는 첫째, 둘째가 있습니다.

❸ (앞) ○○○○●○○ (뒤)
　　　　　　 동현

➡ 줄을 선 학생들은 모두 7명입니다.

다른 풀이

동현이가 앞에서 다섯째이므로 동현이의 앞에는 4명이 서 있고, 뒤에서 셋째이므로 동현이의 뒤에는 2명이 서 있습니다. 동현이의 앞에 4명, 뒤에 2명이고 동현이까지 이어서 세어 보면 모두 7명입니다.

쌍둥이 **4-1** ❶ 서영이의 앞에서 달리고 있는 학생 수만큼 ○ 그리기:

(앞) ○○○●○○○○○ (뒤)
　　 ❶　서영　　 ❷

❷ 위 ❶의 그림에 서영이의 뒤에서 달리고 있는 학생 수만큼 ○ 그리기

❸ 달리기를 하고 있는 전체 학생 수: 9명

다른 풀이

서영이가 앞에서 넷째이므로 서영이의 앞에는 3명이 달리고 있고, 뒤에서 여섯째이므로 서영이의 뒤에는 5명이 달리고 있습니다. 서영이의 앞에 3명, 뒤에 5명이고 서영이까지 이어서 세어 보면 모두 9명입니다.

유형TEST　28~31쪽

1 4에 ○표
2 8
3 7
4 1, 0
5 5
6 6, 육, 여섯에 ○표
7

8
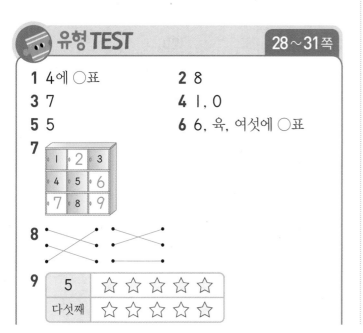
9

5	☆☆☆☆☆
다섯째	☆☆☆☆☆

10
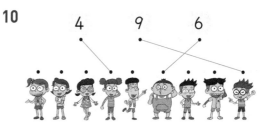

11 (1) (왼쪽부터) 2, 4　　(2) (왼쪽부터) 7, 9

12 3　　　　　　　**13** 2, 4

14 예

15

위에서 둘째
아래에서 다섯째

16 윤수

17
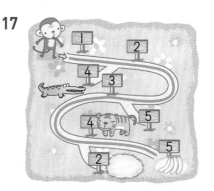

18 (왼쪽부터) 8, 7, 6, 5

19 3

20 (1) 9에 ○표　(2) 8에 ○표

21 ㉡ / 도윤이는 삼 반입니다.

22 하린, 지호　　　　**23** 2

24 2개

25 예 ❶ 9까지의 수 중 3보다 큰 수는 4, 5, 6, 7, 8, 9입니다.

❷ 이 중에서 8보다 작은 수는 4, 5, 6, 7입니다.

❸ 3보다 크고 8보다 작은 수는 4, 5, 6, 7로 모두 4개입니다.

답 4개

2 돼지의 수를 세어 보면 하나, 둘, 셋, 넷, 다섯, 여섯, 일곱, 여덟이므로 8입니다.

5 4보다 1만큼 더 큰 수는 4 바로 뒤의 수인 5입니다.

7 1부터 9까지의 수를 순서대로 씁니다.

9 5는 수를 나타내므로 5개를 색칠하고, 다섯째는 순서를 나타내므로 다섯째 그림 하나에만 색칠합니다.

10 4는 넷째, 9는 아홉째, 6은 여섯째와 잇습니다.

12 김밥의 수를 세어 보면 하나, 둘, 셋이므로 3입니다.

16 2와 3 중 더 작은 수는 2이므로 초콜릿을 더 적게 가지고 있는 사람은 윤수입니다.

18 순서를 거꾸로 세어 수를 쓰면 9, 8, 7, 6, 5, 4입니다.

19 하나부터 일곱까지 세면서 묶습니다.

20 (1) 수를 작은 수부터 차례대로 쓰면 2, 7, 9이므로 가장 큰 수는 9입니다.
(2) 수를 작은 수부터 차례대로 쓰면 1, 5, 8이므로 가장 큰 수는 8입니다.

21 • 학년은 일 학년, 이 학년, 삼 학년, ...으로 읽습니다.
• 반은 일 반, 이 반, 삼 반, ...으로 읽습니다.

22 주어진 수들을 작은 수부터 차례대로 쓰면 2, 6, 7, 9이므로 7보다 작은 수는 2, 6입니다. ➡ 하린, 지호

23 □보다 1만큼 더 큰 수가 3이므로 □는 3보다 1만큼 더 작은 수입니다.
➡ □는 2입니다.

24 ○를 9개 그리고 순서에 맞게 연필과 지우개를 표시합니다.
(왼쪽) ○○●○○○●○○○ (오른쪽)
　　　　　연필　　지우개
➡ 연필과 지우개 사이에 ○가 2개이므로 연필과 지우개 사이에 있는 학용품은 2개입니다.

25

채점 기준		
❶ 3보다 큰 수를 씀.	1점	
❷ ❶의 수 중 8보다 작은 수를 씀.	2점	4점
❸ 3보다 크고 8보다 작은 수의 개수를 구함.	1점	

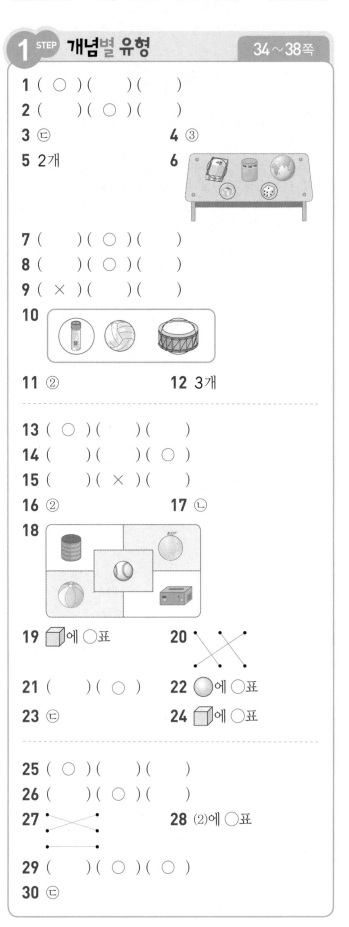

2. 여러 가지 모양

1 STEP 개념별 유형 34~38쪽

1 (○) (　) (　)
2 (　) (○) (　)
3 ㉢　　　　　　**4** ③
5 2개　　　　　　**6**
7 (　) (○) (　)
8 (　) (○) (　)
9 (×) (　) (　)
10
11 ②　　　　　　**12** 3개

13 (○) (　) (　)
14 (　) (　) (○)
15 (　) (×) (　)
16 ②　　　　　　**17** ㉡
18
19 ▢에 ○표　　　**20**
21 (　) (○)　　**22** ● 에 ○표
23 ㉢　　　　　　**24** ▢에 ○표

25 (○) (　) (　)
26 (　) (○) (　)
27　　　　　　**28** (2)에 ○표
29 (　) (○) (○)
30 ㉢

3 필통은 ▱ 모양이므로 ▱ 모양을 찾으면 ⓒ 과자 상자입니다.

참고
같은 모양을 찾을 때는 크기와 색깔은 생각하지 않습니다.

4 ①, ②, ④, ⑤는 ▱ 모양이고 ③은 ▱ 모양이 아닙니다.

5 ▱ 모양은 서랍장, 나무토막으로 모두 **2**개입니다.

6 ▱ 모양은 사전, 지우개, 주사위입니다.

10 저금통은 ▮ 모양이므로 ▮ 모양을 찾으면 풀과 북입니다.

11 ①, ③, ④, ⑤는 ▮ 모양이고 ②는 ▮ 모양이 아닙니다.

12 ▮ 모양은 참치 캔, 음료수 캔, 물통으로 모두 **3**개입니다.

15 타이어는 ◯ 모양이 아닙니다.

16 오른쪽의 배구공은 ◯ 모양이므로 ◯ 모양을 찾으면 ② 테니스공입니다.

17 ㉠, ㉢, ㉣은 ◯ 모양이고 ㉡은 ▮ 모양입니다.

18 ◯ 모양은 멜론, 야구공, 비치볼입니다.

19 크레파스 상자, 택배 상자, 큐브는 모두 ▱ 모양입니다.

20 볼링공과 구슬은 ◯ 모양, 백과사전과 구급 상자는 ▱ 모양, 분유통과 음료수 캔은 ▮ 모양입니다.

21 왼쪽 그림에서 배구공은 ◯ 모양, 필통과 선물 상자는 ▱ 모양입니다.

22 둥근 부분만 보이므로 ◯ 모양입니다.

23 평평한 부분과 둥근 부분이 있으므로 ▮ 모양입니다.
➡ ▮ 모양은 ㉢ 풀입니다.

24 평평한 부분과 뾰족한 부분이 있는 모양은 ▱ 모양입니다.

25 잘 굴러가지 않는 모양은 ▱ 모양입니다.

26 시후가 설명하는 모양은 ◯ 모양입니다.
➡ ◯ 모양은 수박입니다.

27 ▱ 모양: 평평한 부분이 있어서 쌓을 수 있고 둥근 부분이 없어서 잘 굴러가지 않습니다.
　　▮ 모양: 평평한 부분이 있어서 세우면 쌓을 수 있고 둥근 부분이 있어서 눕히면 잘 굴러갑니다.
　　◯ 모양: 모든 부분이 둥글어서 쌓을 수 없지만 잘 굴러갑니다.

28 (1) ▮ 모양은 눕히면 잘 굴러갑니다.

참고
둥근 부분이 있으면 잘 굴러갑니다.

29 쌓을 수 있으려면 평평한 부분이 있어야 합니다.
평평한 부분이 있는 모양은 ▮ 모양과 ▱ 모양으로 참치 캔과 휴지 상자입니다.

30 잘 굴러가지만 쌓을 수 없는 물건은 ◯ 모양인 축구공입니다.

❶~❻ 형성평가　　39쪽

1 ◯에 ◯표　　2 ( )(◯)( )
3 ㉡　　　　　　4 ( )(◯)(◯)
5 (선 연결)　　6 2개　　7 ㉠

1 야구공, 멜론, 테니스공은 ◯ 모양입니다.

2 참치 캔은 ▮ 모양이고 ▮ 모양인 것은 김밥입니다.

3 ㉠, ㉢은 ▱ 모양이고 ㉡은 ▮ 모양입니다.

4 ▮ 모양은 눕히면 잘 굴러가고, ◯ 모양은 여러 방향으로 잘 굴러갑니다.

5 • 첫 번째는 둥근 부분만 보입니다. ➡ ◯모양

　• 두 번째는 평평한 부분과 뾰족한 부분이 보입니다.
　　➡ ⬠모양

　• 세 번째는 평평한 부분과 둥근 부분이 보입니다.
　　➡ ⬭모양

6 ⬭모양은 페인트 통, 물통으로 모두 2개입니다.

7 지유가 설명하는 모양은 ⬠모양입니다.

　➡ ⬠모양은 ㉠ 비누입니다.

1 STEP 개념별 유형　40~42쪽

1 ⬠에 ◯표　　　2 ◯에 ×표
3 (◯) ( )　　　4 2개
5 4개　　　6 5 / 2 / 1
7 3개　　　8 ⬠에 ◯표
9 ( ) (◯)　　10 ∙ ─── ∙

---

11 ( ) (◯) ( )
12 ( ) ( ) (◯)
13 ㉡
14

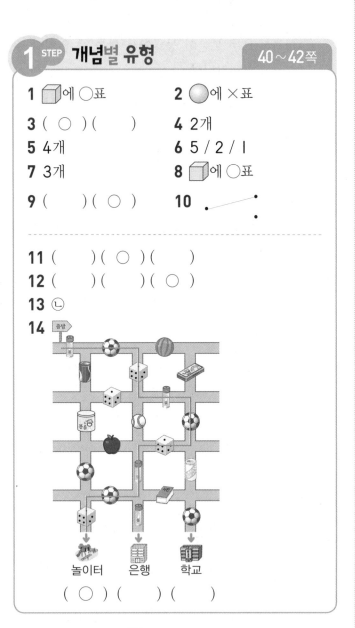

　(◯) ( ) ( )

4 ⬠모양: 2개, ⬭모양: 3개, ◯모양: 1개

5 ⬠모양: 2개, ⬭모양: 1개, ◯모양: 4개

---

6 ⬠모양 5개, ⬭모양 2개, ◯모양 1개를 사용했습니다.

7 ⬭모양을 3개 사용했습니다.

8 ⬠모양 4개, ◯모양 2개를 사용했으므로 더 많이 사용한 모양은 ⬠모양입니다.

9 보기의 모양: ⬭모양 3개, ◯모양 1개
　왼쪽 모양: ⬠모양 1개, ⬭모양 2개
　오른쪽 모양: ⬭모양 3개, ◯모양 1개

10 왼쪽 모양: ⬠모양 2개, ⬭모양 3개, ◯모양 1개
　위쪽 모양: ⬠모양 2개, ⬭모양 3개, ◯모양 1개
　아래쪽 모양: ⬠모양 2개, ⬭모양 2개, ◯모양 1개

11 야구공, 사전, 북이 반복됩니다.
　따라서 빈 곳에 들어갈 물건은 야구공 다음이므로 사전입니다.

12 지우개, 케이크, 배구공이 반복됩니다.
　따라서 빈 곳에 들어갈 물건은 배구공이므로 ◯모양입니다.

13 ⬭, ◯, ⬠모양이 반복됩니다. 빈 곳에 들어갈 모양은 ⬭모양 다음이므로 ◯모양입니다.
　➡ ◯모양의 물건을 찾으면 ㉡ 수박입니다.

7~9 형성평가　43쪽

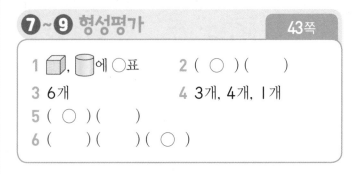

1 ⬠, ⬭에 ◯표　　　2 (◯) ( )
3 6개　　　4 3개, 4개, 1개
5 (◯) ( )
6 ( ) ( ) (◯)

3 ⬠모양: 1개, ⬭모양: 6개, ◯모양: 1개

4 ⬠모양 3개, ⬭모양 4개, ◯모양 1개를 사용했습니다.

5 보기의 모양: ▨모양 2개, ⬭모양 1개, ⬤모양 2개

왼쪽 모양: ▨모양 2개, ⬭모양 1개, ⬤모양 2개

오른쪽 모양: ▨모양 3개, ⬭모양 1개,
⬤모양 1개

6 주사위, 테니스공, 분유통이 반복됩니다.
따라서 빈 곳에 들어갈 물건은 테니스공이므로 ⬤ 모양입니다.

---

2 STEP 꼬리를 무는 유형 　　44~47쪽

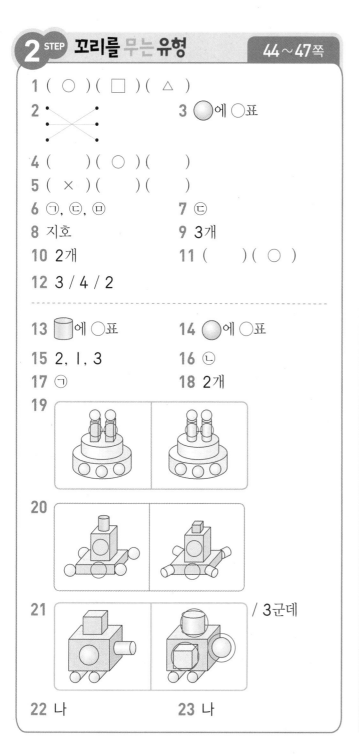

1 (○)(□)(△)

2 (선 연결 ✕ 모양)

3 ⬤에 ○표

4 (　　)(○)(　　)

5 (✕)(　　)(　　)

6 ㉠, ㉢, ㉤

7 ㉢

8 지호

9 3개

10 2개

11 (　　)(○)

12 3 / 4 / 2

- -

13 ⬭에 ○표

14 ⬤에 ○표

15 2, 1, 3

16 ㉡

17 ㉠

18 2개

19

20

21 / 3군데

22 나

23 나

---

2 수박과 구슬은 ⬤ 모양, 음료수 캔과 보온병은 ⬭ 모양, 전자레인지와 동화책은 ▨모양입니다.

3 유리는 ▨모양과 ⬤모양을 가지고 있고, 진호는 ⬤모양과 ⬭모양을 가지고 있습니다.
➡ 두 사람의 방에 모두 있는 모양은 ⬤ 모양입니다.

4 모든 부분이 둥근 모양은 ⬤ 모양입니다.
➡ ⬤모양은 멜론입니다.

5 평평한 부분도 있고 둥근 부분도 있는 모양은 ⬭모양입니다. ➡ 나무토막은 ⬭모양입니다.

6 평평한 부분이 있는 모양은 ▨모양과 ⬭모양입니다.
▨모양을 찾으면 ㉢이고, ⬭모양을 찾으면 ㉠, ㉤입니다.

7 평평한 부분과 둥근 부분이 보이므로 ⬭모양이고 ⬭모양인 것은 ㉢ 김밥입니다.

8 다은이는 ⬭모양의 물건을 상자에 넣었습니다.

9 평평한 부분과 뾰족한 부분이 보이므로 ▨모양입니다.
▨모양은 시계, 선물 상자, 큐브로 모두 3개입니다.

10 ▨모양: 1개, ⬭모양: 2개, ⬤모양: 2개

11 왼쪽 모양: ▨모양 2개, 오른쪽 모양: ▨모양 3개

12 ▨모양: 3개, ⬭모양: 4개, ⬤모양: 2개

13 ▨모양: 2개, ⬭모양: 3개, ⬤모양: 2개
➡ ⬭모양을 가장 많이 사용했습니다.

14 ▨모양: 3개, ⬭모양: 2개, ⬤모양: 1개
➡ ⬤모양을 가장 적게 사용했습니다.

15 ▨모양은 3개, ⬭모양은 4개, ⬤모양은 2개를 사용했습니다. 3, 4, 2를 큰 수부터 차례로 쓰면 4, 3, 2이므로 ⬭모양, ▨모양, ⬤모양 순서로 많이 사용했습니다.

16 어느 방향으로 굴려도 잘 굴러가는 모양은 ◯ 모양입니다. ➡ ◯ 모양을 찾으면 ㉡ 볼링공입니다.

17 평평한 부분이 있고 눕히면 잘 굴러가는 모양은 ⬭ 모양입니다. ➡ ⬭ 모양을 찾으면 ㉠ 분유통입니다.

18 수박, 농구공은 둥근 부분만 있으므로 쌓을 수 없습니다.

22 오른쪽 모양: ▨ 모양 2개, ⬭ 모양 3개, ◯ 모양 1개

가 모양: ▨ 모양 2개, ⬭ 모양 2개, ◯ 모양 1개
나 모양: ▨ 모양 2개, ⬭ 모양 3개, ◯ 모양 1개
➡ 오른쪽 모양을 만들 수 있는 것은 나입니다.

23 오른쪽 모양: ▨ 모양 2개, ⬭ 모양 3개, ◯ 모양 3개

가 모양: ▨ 모양 2개, ⬭ 모양 3개, ◯ 모양 3개
나 모양: ⬭ 모양 5개, ◯ 모양 3개
➡ 오른쪽 모양을 만들 수 없는 것은 나입니다.

3 STEP 수학 독해력 유형 48~51쪽

독해력 1 ❶ 4, 3, 2 　❷ ▨에 ◯표
답 ▨에 ◯표

쌍둥이 1-1 답 ⬭에 ◯표

독해력 2 ❶ ▨, ◯에 ◯표
❷ ⬭, ◯에 ◯표 　❸ ◯에 ◯표
답 ◯에 ◯표

쌍둥이 2-1 답 ▨에 ◯표

독해력 3 ❶ ⬭에 ◯표 　❷ 5 　답 5개

쌍둥이 3-1 답 6개

독해력 4 ❶ 3, 4, 2 　❷ 4, 4, 2
답 4개, 4개, 2개

쌍둥이 4-1 답 2개, 3개, 4개

독해력 1 ❶ ▨ 모양: 사전, 냉장고, 피자 상자, 벽돌 ➡ 4개
⬭ 모양: 도장, 나무토막, 물통 ➡ 3개
◯ 모양: 볼링공, 구슬 ➡ 2개
❷ 4, 3, 2의 크기를 비교하면 4가 가장 크므로 ▨ 모양이 가장 많습니다.

쌍둥이 1-1 ❶ ▨ 모양: 사과 상자, 쿠키 상자, 체중계 ➡ 3개
⬭ 모양: 참치 캔, 풀, 김밥, 북, 분유통 ➡ 5개
◯ 모양: 방울 ➡ 1개
❷ 가장 많은 모양: ⬭ 모양

독해력 2 ❶ 가는 ▨ 모양 6개, ◯ 모양 2개를 사용했습니다.
❷ 나는 ⬭ 모양 4개, ◯ 모양 1개를 사용했습니다.

쌍둥이 2-1 ❶ 가를 만드는 데 사용한 모양: ▨, ⬭ 모양
❷ 나를 만드는 데 사용한 모양: ▨, ◯ 모양
❸ 두 모양을 만드는 데 모두 사용한 모양: ▨ 모양

독해력 3 ❶ 오른쪽 모양은 평평한 부분과 둥근 부분이 보이므로 ⬭ 모양입니다.
❷ 기차 모양을 만드는 데 사용한 ⬭ 모양: 5개

쌍둥이 3-1 ❶ 오른쪽 모양은 뾰족한 부분과 평평한 부분이 보이므로 ▨ 모양입니다.
❷ 강아지 모양을 만드는 데 사용한 ▨ 모양: 6개

독해력 4 ❷ ▨ 모양이 1개 남았으므로 처음에 가지고 있던 ▨ 모양은 3보다 1만큼 더 큰 수입니다.
➡ 4개

쌍둥이 4-1 ❶ 주어진 모양을 만들려면 ▨ 모양 2개, ⬭ 모양 4개, ◯ 모양 4개가 필요합니다.
❷ ⬭ 모양이 1개 부족했으므로 은채가 가지고 있는 ⬭ 모양은 4보다 1만큼 더 작은 수입니다. ➡ 3개
➡ ▨ 모양: 2개, ⬭ 모양: 3개, ◯ 모양: 4개

유형 TEST　　　52~55쪽

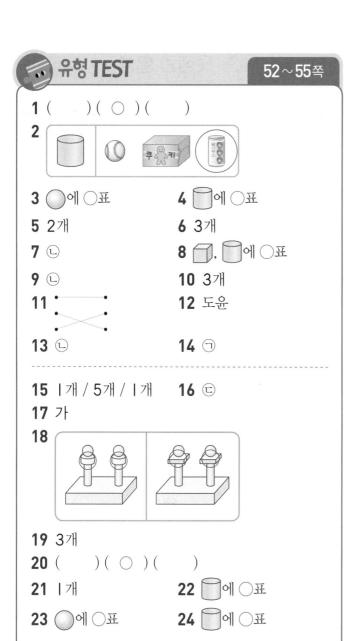

1 (　)(○)(　)

2

3 ◯에 ○표　　　4 🔵에 ○표

5 2개　　　6 3개

7 ㉢　　　8 🔲, 🔵에 ○표

9 ㉢　　　10 3개

11 　　　12 도윤

13 ㉢　　　14 ㉠

15 1개 / 5개 / 1개　　　16 ㉢

17 가

18

19 3개

20 (　)(○)(　)

21 1개　　　22 🔵에 ○표

23 ◯에 ○표　　　24 🔵에 ○표

25 **예 ❶** 오른쪽 모양은 뾰족한 부분과 평평한 부분이 보이므로 🔲 모양입니다.

❷ 인형 모양을 만드는 데 🔲 모양을 5개 사용했습니다. **답** 5개

---

1 🔲 모양은 사전입니다.

참고
음료수 캔: 🔵 모양, 지구본: ◯ 모양

2 야구공 ➡ ◯ 모양

쿠키 상자 ➡ 🔲 모양

음료수 캔 ➡ 🔵 모양

3 ◯ 모양을 모은 것입니다.

4 평평한 부분과 둥근 부분이 있으므로 🔵 모양입니다.

참고
🔲 모양: 뾰족한 부분과 평평한 부분이 있습니다.

🔵 모양: 평평한 부분과 둥근 부분이 있습니다.

◯ 모양: 둥근 부분만 있습니다.

5 상자와 주사위로 모두 2개입니다.

6 단소, 북, 통조림 캔으로 모두 3개입니다.

7 ㉠, ㉢ 🔵 모양, ㉡ 🔲 모양

8 🔲 모양 3개, 🔵 모양 1개를 사용하였고, ◯ 모양은 사용하지 않았습니다.

9 보온병은 🔵 모양이고 🔵 모양인 것을 찾으면 ㉢ 참치 캔입니다.

10 🔲 모양: 2개, 🔵 모양: 3개, ◯ 모양: 3개

11 🔵 모양: 음료수 캔, ◯ 모양: 농구공

🔲 모양: 주사위

12 다은: ◯ 모양에는 평평한 부분이 없습니다.

13 ㉠ 야구공과 구슬은 ◯ 모양입니다.

㉡ 휴지 상자는 🔲 모양, 김밥은 🔵 모양입니다.

㉢ 지우개와 필통은 🔲 모양입니다.

14 쌓을 수도 있고 눕히면 잘 굴러가는 모양은 🔵 모양입니다.

➡ 🔵 모양은 ㉠입니다.

참고
평평한 부분이 있으면 쌓을 수 있고, 둥근 부분이 있으면 잘 굴러갑니다.

15 🔲 모양 1개, 🔵 모양 5개, ◯ 모양 1개를 사용했습니다.

16 쌓을 수 없는 물건은 평평한 부분이 없는 ◯ 모양입니다.

➡ ◯ 모양은 축구공입니다.

17 보기의 모양: 🔲 모양 3개, 🔵 모양 1개,
　　　🟠 모양 2개

　　가: 🔲 모양: 3개, 🔵 모양: 1개, 🟠 모양: 2개
　　나: 🔲 모양: 3개, 🔵 모양: 1개, 🟠 모양: 1개

　　주의
　　사용한 모양의 개수와 각각 같은 크기의 모양을 사용했는
　　지 확인합니다.

19 상자, 지우개, 필통은 🔲 모양이므로 잘 굴러가지 않
　　습니다.

20 야구공, 북, 큐브가 반복됩니다. 따라서 빈 곳에 들어
　　갈 물건은 북이므로 🔵 모양입니다.

　　참고
　　야구공은 🟠 모양, 북은 🔵 모양, 큐브는 🔲 모양이므로
　　🟠 모양 다음에 오는 모양을 찾습니다.

21 모양을 만드는 데 🔲 모양 3개, 🔵 모양 2개, 🟠
　　모양 2개를 사용했습니다.

　　➡ 3은 2보다 1만큼 더 큰 수이므로 🔲 모양은 🔵
　　　모양보다 1개 더 사용했습니다.

22 모양을 만드는 데 🔲 모양 2개, 🔵 모양 5개, 🟠
　　모양 2개를 사용했습니다.

　　➡ 가장 많이 사용한 모양: 🔵 모양

23 🔲 모양: 전자레인지, 사전, 상자 → 3개

　　　🔵 모양: 풀, 케이크, 저금통 → 3개

　　　🟠 모양: 야구공, 구슬 → 2개

　　➡ 가장 적은 모양: 🟠 모양

24 가는 🔲 모양과 🔵 모양을 사용했고, 나는 🔲 모양과
　　🟠 모양을 사용했습니다.
　　따라서 두 모양을 만드는 데 모두 사용한 모양은 🔲
　　모양입니다.

25
채점 기준		
❶ 오른쪽 모양이 🔲, 🔵, 🟠 중 어느 모양인지 찾음.	2점	4점
❷ 인형 모양을 만드는 데 위 ❶에서 찾은 모양을 몇 개 사용했는지 구함.	2점	

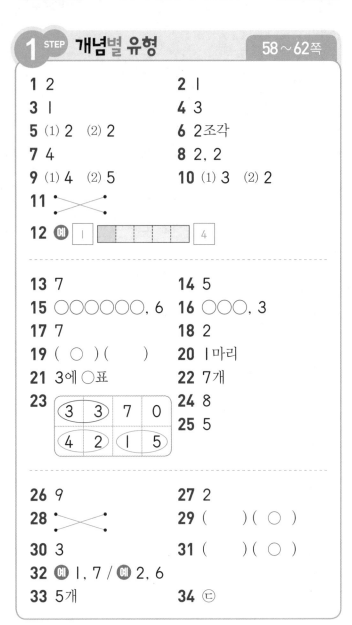

3. 덧셈과 뺄셈

1 STEP 개념별 유형　58~62쪽

1 2	**2** 1
3 1	**4** 3
5 (1) 2　(2) 2	**6** 2조각
7 4	**8** 2, 2
9 (1) 4　(2) 5	**10** (1) 3　(2) 2
11 ✕ (선잇기)	
12 예 | ▨▨▨ 4	

13 7	**14** 5
15 ○○○○○○, 6	**16** ○○○, 3
17 7	**18** 2
19 (○) (　)	**20** 1마리
21 3에 ○표	**22** 7개

23
3	3	7	0
4	2	1	5

24 8
25 5

26 9	**27** 2
28 ✕ (선잇기)	**29** (　) (○)
30 3	**31** (　) (○)
32 예 1, 7 / 예 2, 6	
33 5개	**34** ㉢

5 (1) 1과 1을 모으기하면 2가 됩니다.
　　(2) 3은 1과 2로 가르기할 수 있습니다.

6 3은 1과 2로 가르기할 수 있으므로 오른쪽 접시에
　　담은 피자는 2조각입니다.

9 (1) 3과 1을 모으기하면 4가 됩니다.
　　(2) 4와 1을 모으기하면 5가 됩니다.

10 (1) 4는 1과 3으로 가르기할 수 있습니다.
　　(2) 5는 3과 2로 가르기할 수 있습니다.

11 • 머리핀 3개와 1개를 모으기하면 머리핀 4개가 됩
　　　니다.
　　• 머리핀 2개와 2개를 모으기하면 머리핀 4개가 됩
　　　니다.

12 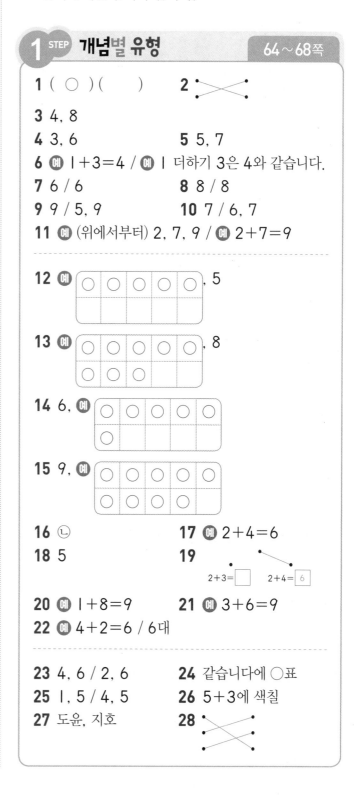 5는 1과 4로 가르기할 수 있으므로 1칸과 4칸을 각각 다른 색으로 칠합니다.

19 5와 1을 모으기하면 6이 되고, 4와 3을 모으기하면 7이 됩니다.

20 호랑이 7마리는 호랑이 6마리와 1마리로 가르기할 수 있습니다.

21 6은 3과 3으로 가르기할 수 있습니다.

22 3과 4를 모으기하면 7이 되므로 지우가 오늘 먹은 과자는 7개입니다.

23 모으기하여 6이 되는 두 수는 0과 6, 1과 5, 2와 4, 3과 3, 4와 2, 5와 1, 6과 0입니다.

26 5와 4를 모으기하면 9가 됩니다.

27 9는 2와 7로 가르기할 수 있습니다.

28 1과 8, 7과 2를 각각 모으기하면 9가 됩니다.

29 3과 4를 모으기하면 7이 되고, 3과 6을 모으기하면 9가 됩니다.

30 8은 5와 3으로 가르기할 수 있습니다.

31 4와 3을 모으기하면 7이 됩니다.

32 8은 0과 8, 1과 7, 2와 6, 3과 5, 4와 4, 5와 3, 6과 2, 7과 1, 8과 0으로 가르기할 수 있습니다.

33 9는 4와 5로 가르기할 수 있으므로 오른손에 있는 공깃돌은 5개입니다.

34 ㉠ 4와 5, ㉡ 6과 3을 각각 모으기하면 9가 됩니다. ㉢ 7과 1을 모으기하면 8이 됩니다.

①~④ 형성평가 63쪽

1 8
2 1, 3
3 3
4 3
5 (교차선)
6 ( )(○)( )
7 5개

1 1과 7을 모으기하면 8이 됩니다.

2 4는 1과 3으로 가르기할 수 있습니다.

---

5 · 젤리 5개와 2개를 모으기하면 젤리 7개가 됩니다.
· 젤리 3개와 4개를 모으기하면 젤리 7개가 됩니다.
· 젤리 6개와 1개를 모으기하면 젤리 7개가 됩니다.

6 4와 3을 모으기하면 7, 2와 7을 모으기하면 9, 1과 1을 모으기하면 2가 됩니다.

7 6은 1과 5로 가르기할 수 있으므로 다른 접시에는 딸기 5개를 담아야 합니다.

① STEP 개념별 유형 64~68쪽

1 (○)( )
2 (교차선)
3 4, 8
4 3, 6
5 5, 7
6 예 1+3=4 / **예** 1 더하기 3은 4와 같습니다.
7 6 / 6
8 8 / 8
9 9 / 5, 9
10 7 / 6, 7
11 예 (위에서부터) 2, 7, 9 / **예** 2+7=9

12 예 ○○○○○, 5

13 예 ○○○○○/○○○, 8

14 6, **예** ○○○○○/○

15 9, **예** ○○○○○/○○○○

16 ㉡
17 예 2+4=6
18 5
19 2+3=[ ] 2+4=[6]
20 예 1+8=9
21 예 3+6=9
22 예 4+2=6 / 6대

---

23 4, 6 / 2, 6
24 같습니다에 ○표
25 1, 5 / 4, 5
26 5+3에 색칠
27 도윤, 지호
28 (교차선)

1 파인애플 3개와 1개를 합하면 4개입니다.
➡ $3+1=4$

2 리본 6개와 1개를 합하면 7개입니다.
➡ $6+1=7$

오토바이 2대와 3대를 합하면 5대입니다.
➡ $2+3=5$

6 '1과 3의 합은 4입니다.'라고 읽을 수도 있습니다.

> **참고**
> $3+1=4$라고 덧셈식을 쓰면 '3 더하기 1은 4와 같습니다.' 또는 '3과 1의 합은 4입니다.'라고 읽습니다.

7 5와 1을 모으기하면 6이 되므로 $5+1=6$입니다.

8 6과 2를 모으기하면 8이 되므로 $6+2=8$입니다.

9 4와 5를 모으기하면 9가 되므로 $4+5=9$입니다.

10 1과 6을 모으기하면 7이 되므로 $1+6=7$입니다.

11 예 2와 7을 모으기하면 9가 되므로 $2+7=9$입니다.

12 낙타 4마리에 얼룩말 1마리를 합하면 5마리입니다.
➡ $4+1=5$

13 왼쪽에 사슴이 3마리, 오른쪽에 사슴이 5마리 있으므로 사슴은 모두 8마리입니다. ➡ $3+5=8$

14 ◯ 4개를 그리고 2개를 이어서 그린 다음 전체 ◯의 수를 세어 보면 6개입니다.

15 ◯ 5개를 그리고 4개를 이어서 그린 다음 전체 ◯의 수를 세어 보면 9개입니다.

16 ㉡ $5+1=6$ ➡ 예

17 $1+5=6$, $3+3=6$, $4+2=6$, $5+1=6$도 답이 될 수 있습니다.

19 딸기우유 2개와 초코우유 4개를 합하면 6개입니다.
➡ $2+4=6$

20 안경을 쓴 학생은 1명, 쓰지 않은 학생은 8명이므로 $1+8=9$입니다.

21 남학생은 3명, 여학생은 6명이므로 $3+6=9$입니다.

22 왼쪽에는 자동차 4대가 있고, 오른쪽에는 자동차 2대가 있으므로 $4+2=6$입니다.

> **다른 풀이**
> 빨간색 자동차 4대와 노란색 자동차 2대를 합하면 $4+2=6$입니다.

26 수의 순서를 바꾸어 더해도 합은 같습니다.
➡ $3+5=5+3$

27 펼친 손가락의 개수를 구하면 도윤: $5+2=7$(개), 하린: $3+5=8$(개), 지호: $2+5=7$(개)입니다.
➡ 펼친 손가락의 개수가 같은 사람은 도윤이와 지호입니다.

28 수의 순서를 바꾸어 더해도 합은 같습니다.
➡ $3+1=1+3$, $2+6=6+2$, $4+5=5+4$

5~9 형성평가　69쪽

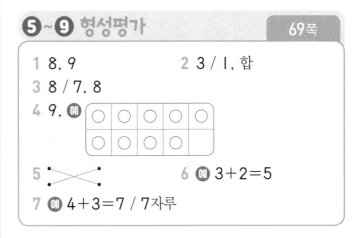

1 8, 9　　　　**2** 3 / 1, 합
3 8 / 7, 8
4 9, 예
5 ✕
6 예 $3+2=5$
7 예 $4+3=7$ / 7자루

3 1과 7을 모으기하면 8이 되므로 $1+7=8$입니다.

4 ◯ 6개를 그리고 3개를 이어서 그린 다음 전체 ◯의 수를 세어 보면 9개입니다.

5 수의 순서를 바꾸어 더해도 합은 같습니다.
➡ $2+4=4+2$, $5+3=3+5$

6 초록색 사과 3개와 빨간색 사과 2개를 합하면 5개가 되므로 $3+2=5$입니다.

7 초록색 연필 4자루와 주황색 연필 3자루를 합하면 7자루가 되므로 덧셈식으로 나타내면 $4+3=7$입니다. 따라서 필통에 있는 연필은 모두 7자루입니다.

1 STEP 개념별 유형 70~76쪽

1 (○)( ) **2** 3, 3

3 (선 연결: X자 형태)

4 예 8-2=6 / 예 8 빼기 2는 6과 같습니다.

5 5 / 5 **6** 1 / 1

7 7 / 9, 7 **8** 5 / 8, 5

9 3 / 7-4=3 / 3개

10 예
(○ ○ ○ ○ ⦸ ⦸) / 4

11 예
(그림) / 3

12 예 4, 2 **13** 예 7, 1

14 (선 연결)

15 예
정후 (그림)
연아 (그림) / 2컵

16 ( )(○) **17** (선 연결)
6-3= 3   6-4=

18 2, 5 **19** 7-4=3

20 5-3=2 / 2명

21 3 **22** 0, 4

23 0, 3 **24** 0

25 8 **26** (선 연결)

27 7-7=0 / 0마리

28 (왼쪽부터) 4, 5, 6 / 7, 8, 9

29 (왼쪽부터) 6, 5, 4 / 3, 2, 1

30 (왼쪽부터) 3, 4, 5 / 6, 7, 8

31 ㉡

32 (왼쪽부터) 0, 1, 2 / 3, 4, 5

33 커집니다에 ○표

34 ( )(○)(○)

35 도윤

36
2+6	6-3	0+9
9-0	3+6	8-1

37
9+0= 9	1+7= 8
4+3= 7	0+8= 8
5+2= 7	2+0= 2

38 예 7, 0 / 예 9, 2

39 (왼쪽부터) 7, 6, 5 / 4, 3, 2

40 3 / 예 6-3=3

---

1 전체 양 5마리에서 2마리가 우리 밖으로 나갔으므로 우리 안에 양 3마리가 남았습니다.
➡ 5-2=3

3 • 새 6마리에서 2마리가 날아갔으므로 4마리가 남았습니다.
➡ 6-2=4
• 아기 돼지 3마리와 어미 돼지 2마리를 비교하면 아기 돼지가 1마리 더 많습니다.
➡ 3-2=1

5 6은 1과 5로 가르기할 수 있으므로 6-1=5입니다.

7 9는 2와 7로 가르기할 수 있으므로 9-2=7입니다.

9 7은 4와 3으로 가르기할 수 있으므로 미나는 7-4=3(개)를 가집니다.

10 빵틀 6개 중 2개가 비어 있으므로 동그라미 6개에서 동그라미 2개를 지우면 4개가 남습니다.

11 사과를 초록색 동그라미, 딸기를 주황색 동그라미라고 할 때 짝을 지어 보면 초록색 동그라미가 3개 남습니다.

12 동그라미 6개 중 4개를 지우면 2개가 남습니다.

15 노란색 동그라미 5개와 파란색 동그라미 3개를 하나씩 짝지어 보면 노란색 동그라미가 2개 남으므로 정후가 연아보다 우유를 5-3=2(컵) 더 많이 마십니다.

16 물고기가 8마리, 거북이 4마리이므로 물고기가 거북보다 4마리 더 많습니다. ➡ 8-4=4

17 연필 6자루 중에서 3자루를 뺐으므로 남은 연필은 3자루입니다. ➡ 6-3=3

18 학생 7명 중에서 여학생이 2명이므로 남학생은 5명입니다. ➡ $7-2=5$

19 학생 7명 중에서 4명이 모자를 쓰고 있으므로 모자를 쓰지 않은 학생은 3명입니다. ➡ $7-4=3$

20 (풍선을 들고 있지 않은 사람 수)
   $=$(전체 사람 수)$-$(풍선을 들고 있는 사람 수)
   $=5-3=2$(명)

21 마당에 돼지 3마리가 있고 우리 안에 돼지가 한 마리도 없으므로 모두 3마리입니다. ➡ $3+0=3$

27 백조 7마리에서 날아간 백조 7마리를 빼면 남은 백조는 없습니다. ➡ $7-7=0$

28 더하는 수가 1씩 커지면 합도 1씩 커집니다.

29 빼는 수가 1씩 커지면 차는 1씩 작아집니다.

35 지유: $8-3=5$이므로 차가 5인 식입니다.
   하린: $9-2=7$이므로 차가 7인 식입니다.

36 $2+6=8$, $6-3=3$, $0+9=9$
   $9-0=9$, $3+6=9$, $8-1=7$

37 $9+0=9$, $1+7=$**8**, $4+3=7$
   $0+8=$**8**, $5+2=7$, $2+0=2$

40 $2+1=3$이므로 □ 안에 알맞은 수는 3입니다. 계산한 결과가 3이 되는 뺄셈식은 $3-0=3$, $4-1=3$, $5-2=3$, $6-3=3$, $7-4=3$, $8-5=3$, $9-6=3$이 있습니다.

⑩~⑯ 형성평가 77쪽

1 3 / 차, 3

2 1 / 1

3 예 / 6

4 (1) 3   (2) 0

5

5+2	0+7	1+5
6+0	2+3	4+1

6 $6-2=4$

7 $9-4=5$ / 5조각

---

2 7은 6과 1로 가르기할 수 있으므로 $7-6=1$입니다.

3 꽃잎 8장 중에서 2장이 떨어졌으므로 꽃잎 6장이 남았습니다. ➡ $8-2=6$

5 $5+2=7$, $0+7=7$, $1+5=6$
   $6+0=6$, $2+3=5$, $4+1=5$

6 의자에 앉아 있는 학생이 6명, 서 있는 학생이 2명입니다. ➡ $6-2=4$이므로 앉아 있는 학생이 서 있는 학생보다 4명 더 많습니다.

7 (남은 사과의 수)$=$(전체 사과의 수)$-$(먹은 사과의 수)
   $=9-4=5$(조각)

2 STEP 꼬리를 무는 유형 78~81쪽

1 예 $1+5=6$ **2** 예 $8-3=5$
3 예 $3+4=7$ / 예 $7-3=4$
4 2   **5** 5
6 1   **7** 3개
8 3, 6   **9** 3, 2
10 4 / 5, 4   **11** $-$
12 $+$ **13** ㉡

14 (왼쪽부터) 7, 4   **15** (왼쪽부터) 3, 8
16 6   **17** 9
18 3   **19** 9
20 예 $3+4=7$ / 7장
21 $8-2=6$ / 6개
22 5개   **23** 5가지
24 3가지   **25** 7개

1 $1+5=6$ 또는 $5+1=6$

2 $8-3=5$ 또는 $8-5=3$

4 $4+□=6$ ➡ $4+2=6$이므로 □$=2$입니다.

5 $7-□=2$ ➡ $7-5=2$이므로 □$=5$입니다.

6 어떤 수를 □라 하면 $6+□=7$입니다.
   ➡ $6+1=7$이므로 □$=1$입니다.

7 먹은 귤의 수를 □라 하면 $8-□=5$입니다.
   ➡ $8-3=5$이므로 □$=3$입니다.

8 합이 같으므로 3+□=6입니다.
➡ 3+3=6이므로 □=3입니다.

9 차가 같으므로 5−□=2입니다.
➡ 5−3=2이므로 □=3입니다.

10 3+1=4이고 합과 차가 같으므로 9−□=4입니다.
➡ 9−5=4이므로 □=5입니다.

11 가장 왼쪽의 수보다 계산한 값이 작아졌으므로 뺄셈식입니다.

12 왼쪽의 두 수보다 계산한 값이 커졌으므로 덧셈식입니다.

13 ㉠ 3+3=6 (×), 3−3=0 (○)
㉡ 5+0=5 (○), 5−0=5 (○)

14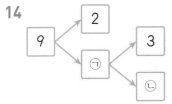
9는 (2, 7)로 가르기할 수 있으므로 ㉠은 7입니다.
7은 (3, 4)로 가르기할 수 있으므로 ㉡은 4입니다.

16 8은 4와 4로 가르기할 수 있으므로 ㉠=4입니다.
4는 2와 2로 가르기할 수 있으므로 ㉡=2입니다.
➡ ㉠ 4와 ㉡ 2를 모으기하면 6입니다.

17 합이 가장 큰 덧셈식을 만들려면 가장 큰 수와 둘째로 큰 수를 더해야 합니다. 큰 수부터 차례로 쓰면 5, 4, 2이므로 가장 큰 수는 5이고 둘째로 큰 수는 4입니다.
➡ 합이 가장 큰 덧셈식: 5+4=9

18 합이 가장 작은 덧셈식을 만들려면 가장 작은 수와 둘째로 작은 수를 더해야 합니다. 작은 수부터 차례로 쓰면 0, 3, 6이므로 가장 작은 수는 0이고 둘째로 작은 수는 3입니다.
➡ 합이 가장 작은 덧셈식: 0+3=3

19 큰 수부터 차례로 쓰면 7, 2, 1, 0이므로 가장 큰 수는 7이고 둘째로 큰 수는 2입니다.
➡ 합이 가장 큰 덧셈식: 7+2=9

20 (소희가 가지고 있는 색종이 수)
=(빨간색 색종이 수)+(파란색 색종이 수)
=3+4=7(장)

21 (남은 꿀떡 수)
=(접시에 있던 꿀떡 수)−(먹은 꿀떡 수)
=8−2=6(개)

22 (서우가 접은 딱지 수)
=2+1=3(개)
(연수와 서우가 접은 딱지 수)
=2+3=5(개)

23 6은 (1, 5), (2, 4), (3, 3), (4, 2), (5, 1)로 가르기할 수 있으므로 나누어 가지는 방법은 모두 5가지입니다.

24 7은 (1, 6), (2, 5), (3, 4), (4, 3), (5, 2), (6, 1)로 가르기할 수 있습니다. 이 중 시혁이가 선미보다 더 많이 가지는 방법은 (시혁, 선미)일 때 (4, 3), (5, 2), (6, 1)이므로 3가지입니다.

25 9는 (0, 9), (1, 8), (2, 7), (3, 6), (4, 5), (5, 4), (6, 3), (7, 2), (8, 1), (9, 0)으로 가르기할 수 있습니다. 이 중 나래가 태희보다 5개 더 많이 가지는 방법은 나래 7개, 태희 2개일 때입니다.

3 STEP 수학 독해력 유형 82~85쪽

| 독해력 **1** | ❶ 5 | ❷ 2 | ❸ 2, 3 |
| 답 3개 |

| 쌍둥이 **1-1** | 답 2개 |

| 독해력 **2** | ❶ 3, 3 | ❷ 3, 9 |
| 답 9컵 |

| 쌍둥이 **2-1** | 답 8개 |

| 독해력 **3** | ❶ 6 | ❷ 6 | ❸ 5, 5 |
| 답 5점 |

| 쌍둥이 **3-1** | 답 3 |

| 독해력 **4** | ❶ 3, 7 | ❷ 4, 4 | ❸ 4, 1 |
| 답 1 |

| 쌍둥이 **4-1** | 답 4 |

독해력 1 ❸ 🧊 모양은 5개, ⚪ 모양은 2개이므로
🧊 모양이 ⚪ 모양보다 5−2=3(개) 더 많습니다.

쌍둥이 1-1 ❶ 🥫 모양의 개수: 4개
❷ 🧊 모양의 개수: 2개
❸ 🥫 모양과 🧊 모양의 개수의 차 구하기:
4−2=2(개)

독해력 2 ❶ (희주가 마신 우유의 양)
=(현우가 마신 우유의 양)−3
=6−3=3(컵)
❷ (현우와 희주가 마신 우유의 양)
=(현우가 마신 우유의 양)+(희주가 마신 우유의 양)
=6+3=9(컵)

쌍둥이 2-1 ❶ (유빈이가 먹은 딸기의 수)
=5−2=3(개)
❷ (민혁이와 유빈이가 먹은 딸기의 수)
=5+3=8(개)

쌍둥이 3-1 ❶ (민재의 수 카드에 적힌 두 수의 합)
=1+8=9
❷ 서하가 가지고 있는 뒤집힌 카드에 적힌 수를 □
라 하면
(서하가 가지고 있는 수 카드에 적힌 두 수의 합)
=6+□=9
❸ 서하가 가지고 있는 뒤집힌 카드에 적힌 수 구하기:
6+3=9 ➡ □=3

독해력 4 ❷ ■+3=7에서 4+3=7이므로 ■=4입
니다.
❸ 바르게 계산하면 4−3=1입니다.

쌍둥이 4-1 ❶ 어떤 수를 □라 하여 잘못 계산한 식을 만
들기: □+2=8
❷ 어떤 수 구하기:
6+2=8 ➡ □=6
❸ 바르게 계산한 값: 6−2=4

---

1 7
2 3, 5
3 4 / 1, 4
4 4 / 4
5 5 / 7, 5
6 4, 6
7 3, 3
8 2, 5 / 2, 5
9 ╳ (선 연결)
10 9+0=9
11 (○) ( ) (○)
12 (1) − (2) +
13 예 5+3=8
14

5+2	9−4	3+6
7−3	4+4	8−1

15 7−3=4 / 4개
16 예 2+4=6 / 6마리
17 ㉡
18 ㉠
19 5, 7
20 8명
21 6, 3
22 7가지
23 7장
24 2
25 예 ❶ 수 카드의 수를 큰 수부터 차례로 쓰면
6, 3, 1입니다. 따라서 가장 큰 수는 6이고
둘째로 큰 수는 3입니다.
❷ 합이 가장 큰 덧셈식은 6+3=9입니다.
답 9

---

4 1과 3을 모으기하면 4가 되므로 1+3=4입니다.

5 7은 2와 5로 가르기할 수 있으므로 7−2=5입니다.

6 흰 깃발 2개와 파란 깃발 4개를 합하면 깃발 6개입니다.
➡ 2+4=6

7 야구공 6개와 야구 글러브 3개를 하나씩 짝지어
보면 야구공이 3개 남습니다.
➡ 6−3=3

9 수의 순서를 바꾸어 더해도 합은 같습니다.
➡ 1+4=4+1, 2+7=7+2

11 6−1=5, 9−3=6, 7−2=5

12 (1) 가장 왼쪽의 수보다 계산한 값이 작아졌으므로 뺄
셈식입니다.
(2) 왼쪽의 두 수보다 계산한 값이 커졌으므로 덧셈식
입니다.

15 (남은 사탕의 수)
　=(전체 사탕의 수)−(먹은 사탕의 수)
　=7−3=4(개)

16 (빨간색과 노란색 물고기 수)
　=(빨간색 물고기 수)+(노란색 물고기 수)
　=2+4=6(마리)

17 ㉠ 2+2=4(×), 2−2=0(○)
　㉡ 6+0=6(○), 6−0=6(○)

18 ㉠ 3+3=6, ㉡ 9−2=7, ㉢ 0+8=8
　6<7<8이므로 계산 결과가 가장 작은 것은 ㉠입니다.

19 9는 (4, 5)로 가르기할 수 있으므로 ㉠은 5입니다.
　(5, 2)를 모으기하면 7이 되므로 ㉡은 7입니다.

20 (체육관에 있던 학생 수)=4+1=5(명)
　(지금 체육관에 있는 학생 수)=5+3=8(명)

21 초록색 공: 9−2=7, 주황색 공: 8−2=6,
　파란색 공: 5−2=3

22 8은 (1, 7), (2, 6), (3, 5), (4, 4), (5, 3), (6, 2),
　(7, 1)로 가르기할 수 있으므로 나누어 가지는 방법
　은 모두 7가지입니다.

23 (현선이가 가지고 있는 캐릭터 카드 수)
　=5−3=2(장)
　(은수와 현선이가 가지고 있는 캐릭터 카드 수)
　=5+2=7(장)

24 (우재가 가지고 있는 수 카드에 적힌 두 수의 합)
　=6+1=7
　진주가 가지고 있는 뒤집힌 카드에 적힌 수를 ☐라 하면
　(진주가 가지고 있는 수 카드에 적힌 두 수의 합)
　=5+☐=7입니다.
　➜ 5+2=7이므로 ☐=2입니다.

25 채점 기준

❶ 수의 크기를 비교하여 가장 큰 수와 둘째로 큰 수를 구함.	2점	4점
❷ 합이 가장 큰 덧셈식을 구함.	2점	

4. 비교하기

1 STEP 개념별 유형 92~96쪽

1 (○)
　(　)
2 (1) 짧습니다에 ○표　(2) 깁니다에 ○표
3
4 ㉠ ————————— / ㉠ ———
　㉡ ——————
5 포크, 숟가락　　　**6** 가
7 (△)(　　)(△)
8 (　)
　(○)
　(　)
9 (1) 짧습니다에 ○표　(2) 깁니다에 ○표
10 초록색에 ○표　　**11** ㉠

12 (1) 작습니다에 ○표　(2) 큽니다에 ○표
13 (△)(○)(　)
14 (○)(　　)　**15** 농구대, 의자
16 (○)(　　)
17 (1) 탁구공에 ○표　(2) 가볍습니다에 ○표
18 　　**19** 책상, 의자
20 ㉡

21 (　)(　　)(○)
22 (1) 가볍습니다에 ○표　(2) 무겁습니다에 ○표
23 　　**24** 1, 3, 2
25 ㉠

1 왼쪽 끝이 맞추어져 있으므로 오른쪽 끝이 남는 배드민턴 라켓이 더 깁니다.

2 왼쪽 끝이 맞추어져 있으므로 오른쪽 끝이 모자라는 풀이 가위보다 더 짧습니다. 또는 가위가 풀보다 더 깁니다.

3 신발의 아래쪽 끝이 맞추어져 있으므로 위쪽 끝을 비교합니다.

4 점선을 따라 그리고 길이를 비교해 봅니다.
왼쪽 끝이 맞추어져 있으므로 오른쪽 끝이 남는 ㉠이 더 깁니다.

5 오른쪽 끝이 맞추어져 있으므로 왼쪽 끝을 비교하면 포크는 숟가락보다 더 짧습니다.

6 양쪽 끝이 맞추어져 있으므로 많이 구부러져 있을수록 곧게 폈을 때 길이가 더 깁니다. 따라서 가가 나보다 더 깁니다.

7 아래쪽 끝이 맞추어져 있으므로 크레파스보다 위쪽 끝이 모자라는 것을 찾으면 머리핀과 못입니다.

8 왼쪽 끝이 맞추어져 있으므로 오른쪽 끝이 가장 많이 남는 파가 가장 깁니다.

9 왼쪽 끝이 맞추어져 있으므로 오른쪽 끝을 비교하면 시계가 가장 짧고, 지팡이가 가장 깁니다.

11 연결한 블록의 수를 각각 알아봅니다.
㉠ 5개, ㉡ 2개, ㉢ 3개이므로 블록을 가장 많이 연결한 ㉠이 가장 깁니다.

12 아래쪽 끝이 맞추어져 있으므로 위쪽 끝을 비교하면 승아는 예빈이보다 키가 더 작습니다. 또는 예빈이는 승아보다 키가 더 큽니다.

13 아래쪽 끝이 맞추어져 있으므로 위쪽 끝을 비교합니다. 기린의 키가 가장 크고, 거북의 키가 가장 작습니다.

14 아래쪽 끝이 맞추어져 있으므로 위쪽 끝을 비교하면 왼쪽 건물이 더 높습니다.

15 아래쪽 끝이 맞추어져 있으므로 위쪽 끝을 비교하면 농구대가 가장 높고, 의자가 가장 낮습니다.

16 농구공이 클립보다 더 무겁습니다.

> **참고**
> 무게를 비교할 때에는 경험을 생각하여 비교하거나 손으로 직접 들었을 때 힘이 더 드는 것이 더 무겁습니다.

17 저울에서 더 가벼운 것이 위로 올라가므로, 탁구공이 야구공보다 더 가볍습니다.

> **참고**
> 저울로 무게를 비교할 때 더 가벼운 것은 위로 올라가고, 더 무거운 것은 아래로 내려갑니다.

18 시소에서 더 무거운 쪽이 아래로 내려가고, 더 가벼운 쪽이 위로 올라갑니다.

19 경험을 생각하였을 때 책상이 의자보다 힘이 더 많이 들므로 책상이 의자보다 더 무겁습니다.

20 저울에서 오른쪽이 내려갔으므로 오른쪽이 더 무겁습니다. ➡ ☐ 안에 들어갈 수 있는 쌓기나무는 쌓기나무 2개보다 더 무거운 ㉡입니다.

21 가장 무거운 것은 텔레비전입니다.

22 (1) 자전거가 가장 가볍습니다.
(2) 트럭이 가장 무겁습니다.

23 책가방이 가장 무겁고, 연필이 가장 가볍습니다.

24 무거운 것부터 순서대로 쓰면 피아노, 바이올린, 리코더입니다.

25 구슬이 많이 들어 있을수록 무거운 병입니다. ➡ ㉠

❶~❻ 형성평가   97쪽

1 물감		**2** 사탕	
3 ㉠		**4** ㉠	
5 ㉠		**6** ㉡	
7 코끼리		**8** 수영	

2 사탕이 케이크보다 더 가볍습니다.

3 아래쪽 끝이 맞추어져 있으므로 위쪽 끝을 비교하면 ㉠이 ㉡보다 더 높습니다.

4 위쪽 끝이 맞추어져 있으므로 아래쪽 끝을 비교하면 ㉠ 원숭이가 ㉡ 원숭이보다 꼬리가 더 깁니다.

5 줄을 서 있는 사람 수가 많은 쪽이 더 긴 줄입니다.

6 왼쪽 끝이 맞추어져 있으므로 오른쪽 끝이 가장 많이 남는 줄넘기가 가장 깁니다.

7 가장 무거운 동물은 코끼리입니다.

8 아래쪽 끝이 맞추어져 있으므로 위쪽 끝을 비교하면 수영이의 키가 가장 큽니다.

1 STEP 개념별 유형 98~102쪽

1 (○) (　　)

2 (1) 넓습니다에 ○표　　(2) 좁습니다에 ○표

3 •———•
　　•———•

4

5

6 (△) (　　)　　　　**7** 축구장, 농구장

8 (○) (　　) (　　)

9 (1) 빨간색에 ○표　　(2) 파란색에 ○표

10 ㉠　　　　　　　　**11** ㉡

---

12 (○) (　　)

13 (　　) (　　) (△)

14 (1) 적습니다에 ○표　　(2) 많습니다에 ○표

15 •　　•　　•
　　　╲╱╲
　　　　　　　　　　16 나

17 (　　) (○)

18 (△) (　　) (　　)

19 많습니다에 ○표　　　**20** 나, 가

21 (○) (△) (　　)

22

---

23 무겁다　　　　　　**24** 넓다

25 적다　　　　　　　**26** 짧다

27 ㉡　　　　　　　　**28** ㉠

---

1 스케치북과 공책을 겹쳐 맞대어 보면 스케치북이 공책보다 더 넓습니다.

2 가와 나를 겹쳐 맞대어 보면 가가 남으므로 가는 나보다 더 넓습니다. 또는 나는 가보다 더 좁습니다.

3 겹쳐 맞대어 보았을 때 남는 것이 더 넓습니다.

5 주어진 ⬤ 모양보다 더 넓은 ◯ 모양을 그립니다.

---

6 겹쳐 맞대어 보았을 때 액자보다 더 좁은 것을 찾습니다.

7 축구장과 농구장을 겹쳐 맞대어 보면 축구장이 남으므로 축구장은 농구장보다 더 넓습니다.

8 겹쳐 맞대어 보았을 때 가장 많이 남는 것이 가장 넓습니다.

9 겹쳐 맞대어 보았을 때 빨간색 종이가 가장 많이 남으므로 가장 넓고, 파란색 종이가 가장 많이 모자라므로 가장 좁습니다.

10 겹쳐 맞대어 보았을 때 가장 많이 남는 것을 찾으면 ㉠입니다.

11 창문을 겹쳐 맞대어 보았을 때 가장 많이 모자라는 것을 찾으면 ㉡입니다.

12 크기가 더 큰 욕조가 담을 수 있는 양이 더 많습니다.

13 크기가 가장 작은 맨 오른쪽 통이 담을 수 있는 양이 가장 적습니다.

14 그릇의 크기를 비교하면 컵은 주전자보다 담을 수 있는 양이 더 적습니다. 또는 주전자는 컵보다 담을 수 있는 양이 더 많습니다.

15 그릇의 크기가 가장 큰 것에 담을 수 있는 양이 가장 많고, 그릇의 크기가 가장 작은 것에 담을 수 있는 양이 가장 적습니다.

16 보기의 컵보다 크기가 더 큰 컵을 찾습니다. → 나

17 그릇의 모양과 크기가 같으므로 물의 높이가 더 높은 오른쪽 컵에 담긴 물의 양이 더 많습니다.

　　참고
　　그릇의 모양과 크기가 같을 때 담긴 양 비교하기
　　물의 높이가 높을수록 담긴 물의 양이 더 많습니다.

18 그릇의 모양과 크기가 같으므로 물의 높이가 가장 낮은 맨 왼쪽 컵에 담긴 물의 양이 가장 적습니다.

19 물의 높이가 같으므로 그릇의 크기가 더 큰 가가 나보다 담긴 물의 양이 더 많습니다.

　　참고
　　그릇의 모양과 크기가 다르고, 물의 높이가 같을 때 담긴 양 비교하기
　　그릇의 크기가 클수록 담긴 물의 양이 더 많습니다.

20 물의 높이가 같으므로 그릇의 크기가 더 큰 나가 가 보다 담긴 물의 양이 더 많습니다.

21 물의 높이가 같으므로 그릇의 크기가 가장 큰 맨 왼쪽 그릇에 담긴 물의 양이 가장 많고, 그릇의 크기가 가장 작은 가운데 그릇에 담긴 물의 양이 가장 적습니다.

22 가에 담긴 물의 양이 가장 많아야 하므로 나와 다보 다 물의 높이를 높게 그립니다.

27 무게를 비교하는 말에는 '무겁다', '가볍다'가 있습니다.

28 길이를 비교하는 말에는 '길다', '짧다'가 있습니다.

7~11 형성평가 103쪽

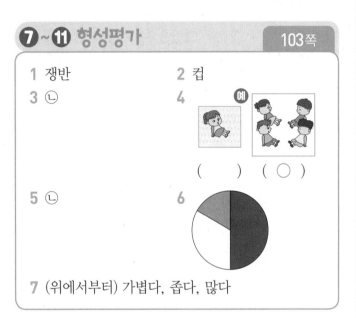

1 쟁반   2 컵
3 ㉡   4 (예)
5 ㉡   6
7 (위에서부터) 가볍다, 좁다, 많다

2 크기가 더 작은 그릇이 담을 수 있는 양이 더 적습니다.

3 그릇의 모양과 크기가 같으므로 물의 높이가 더 높은 ㉡에 담긴 물의 양이 더 많습니다.

4 4명이 모두 앉을 수 있는 돗자리는 1명이 앉은 돗자 리보다 더 넓게 그립니다.

5 담을 수 있는 양이 가장 많은 것은 가장 큰 그릇입니다.

6 겹쳐 맞대어 보았을 때 가장 많이 남는 곳에 빨간색, 가장 많이 모자란 곳에 파란색을 칠합니다.

7 길이를 비교하는 말에는 '길다', '짧다', 무게를 비교하는 말에는 '무겁다', '가볍다', 넓이를 비교하는 말에는 '넓다', '좁다', 담을 수 있는 양을 비교하는 말에는 '많다', '적다'가 있습니다.

2 STEP 꼬리를 무는 유형 104~107쪽

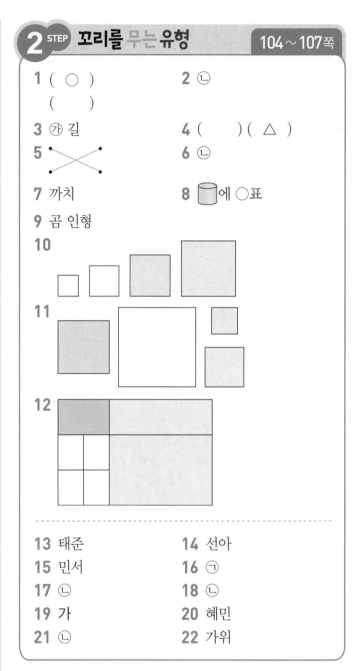

1 (○)
  (   )   2 ㉡
3 ㉮ 길   4 (   ) (△)
5   6 ㉡
7 까치   8 ⬭에 ○표
9 곰 인형
10
11
12

13 태준   14 선아
15 민서   16 ㉠
17 ㉡   18 ㉡
19 가   20 혜민
21 ㉡   22 가위

1 양쪽 끝이 맞추어져 있으므로 더 많이 구부러진 것이 더 깁니다.

2 양쪽 끝이 맞추어져 있으므로 더 많이 구부러진 것이 더 깁니다.
따라서 ㉡이 더 깁니다.

3 양쪽 끝이 맞추어져 있으므로 더 적게 구부러진 길이 더 짧습니다.
따라서 ㉮ 길이 더 짧습니다.

4 그릇의 모양과 크기가 같으므로 물의 높이가 더 낮은 것이 담긴 물의 양은 더 적습니다.

5 그릇의 모양과 크기가 같으므로 주스의 높이가 더 높은 것에 담긴 주스의 양이 더 많고, 주스의 높이가 더 낮은 것에 담긴 주스의 양이 더 적습니다.

6 컵의 모양과 크기가 같으므로 물의 높이가 더 높은 것에 물이 더 많이 담겨 있습니다.

7 가장 높은 곳에 있는 새는 까치입니다.

8 가장 낮은 곳에 있는 모양은 ⬭ 모양입니다.

10 색칠된 모양과 겹쳐 맞대어 보았을 때 남는 것을 찾아 색칠합니다.

11 색칠된 모양과 겹쳐 맞대어 보았을 때 모자라는 것을 모두 찾아 색칠합니다.

12 색칠된 칸과 겹쳐 맞대어 보았을 때 남는 것을 모두 찾아 색칠합니다.

13 위쪽 끝이 맞추어져 있으므로 아래쪽 끝을 비교합니다. 아래쪽 끝이 가장 많이 남는 태준이의 키가 가장 큽니다.

15 위쪽 끝이 맞추어져 있으므로 아래쪽 끝을 비교합니다. 아래쪽 끝이 가장 많이 모자라는 민서의 키가 가장 작습니다.

16 물의 높이가 같으므로 그릇의 크기가 클수록 담긴 물의 양이 더 많습니다.

17 ㉡ 가는 나보다 담긴 물의 양이 더 많습니다.

18 칸 수를 세어 보면 ㉠은 2칸, ㉡은 6칸이므로 ㉡이 더 넓습니다.

19 칸 수를 세어 보면 가는 5칸, 나는 4칸이므로 가가 더 넓습니다.

20 칸 수를 세어 보면 민지는 4칸, 혜민이는 5칸이므로 혜민이가 민지보다 색칠한 부분이 더 넓습니다.

> **참고**
> 민지와 혜민이가 색칠한 칸 수를 세어 비교합니다.

21 무거울수록 고무줄이 더 많이 늘어나므로 고무줄이 더 많이 늘어난 ㉡이 더 무겁습니다.

22 풀보다 고무줄이 더 많이 늘어난 가위가 풀보다 더 무겁습니다.

---

3 STEP **수학 독해력 유형** 108~111쪽

독해력 **1** ❶ 적은에 ○표   ❷ 은채   답 은채
쌍둥이 **1-1** 답 규민
독해력 **2** ❶ 3, 5   ❷ ㉢   답 ㉢
쌍둥이 **2-1** 답 ㉡

- -

독해력 **3** ❶ 가볍습니다에 ○표, 무겁습니다에 ○표
　　　　❷ 민우, 예서   ❸ 예서
　　　　답 예서
쌍둥이 **3-1** 답 하영
독해력 **4** ❶ 좁습니다에 ○표, 넓습니다에 ○표
　　　　❷ 놀이터, 공원   ❸ 공원
　　　　답 공원
쌍둥이 **4-1** 답 수하

쌍둥이 **1-1** ❶ 주스를 더 적게 마신 사람은 마시고 남은 양이 더 많은 사람입니다.
　　　　❷ 주스를 더 적게 마신 사람: 규민

쌍둥이 **2-1** ❶ 각각의 칸 수 알아보기
　　　　㉠: 3칸, ㉡: 2칸, ㉢: 4칸
　　　　❷ 길이가 가장 짧은 것의 기호: ㉡

쌍둥이 **3-1** ❶ 아린이를 기준으로 두 사람씩 무게 비교하기
재민이는 아린이보다 더 무겁습니다.
하영이는 아린이보다 더 가볍습니다.
❷ 아린이를 기준으로 세 사람의 무게 비교하기

하영　　아린　　재민
◀─────┼─────▶
가볍다　　　　무겁다

❸ 가장 가벼운 사람: 하영

쌍둥이 **4-1** ❶ 민정이의 우산을 기준으로 두 사람씩 우산의 넓이 비교하기
수하의 우산은 민정이의 우산보다 더 넓습니다.
지호의 우산은 민정이의 우산보다 더 좁습니다.
❷ 민정이의 우산을 기준으로 세 사람의 우산의 넓이 비교하기

지호　　민정　　수하
◀─────┼─────▶
좁다　　　　　넓다

❸ 우산이 가장 넓은 사람: 수하

유형 TEST 112~115쪽

1 (   )   **2** (◯)(   )
  (◯)

3 (   )(△)   **4** (   )(△)

5 (1) 가볍습니다에 ◯표   (2) 무겁습니다에 ◯표

6 •———•
    •——•

7 [사각형 그림]

8 수아   **9** 딸기에 ◯표

10 (   )(   )(◯)

11 ㉡

12 (◯)(△)(   )

13 (△)(   )(◯)

14 ③

---

15 무겁습니다에 ◯표   **16** 달력, 편지지

17 ◯에 ◯표

18 [가 | 예 [   ] | 나]

19 ㉢, ㉠, ㉡   **20** ㉠

21 다   **22** 민아

23 ㉢   **24** 혜린

25 예 ❶ 주스를 더 많이 마신 사람은 마시고 남은 양이 더 적은 사람입니다.
    ❷ 주스를 더 많이 마신 사람: 하윤   답 하윤

1 왼쪽 끝이 맞추어져 있으므로 오른쪽 끝이 남는 색연필이 더 깁니다.

2 크기가 더 큰 물병이 담을 수 있는 양이 더 많습니다.

3 아래쪽 끝이 맞추어져 있으므로 위쪽 끝이 모자라는 것이 더 낮습니다.

4 겹쳐 맞대어 보았을 때 모자라는 것이 더 좁습니다.

5 (1) 풍선은 수박보다 더 가볍습니다.
    (2) 수박은 풍선보다 더 무겁습니다.

6 크기가 더 큰 그릇이 담을 수 있는 양이 더 많고, 크기가 더 작은 그릇이 담을 수 있는 양이 더 적습니다.

7 겹쳐 맞대어 보았을 때 모자라는 것이 더 좁습니다.

8 아래쪽 끝이 맞추어져 있으므로 위쪽 끝을 비교하면 수아의 키가 더 큽니다.

9 저울에서 더 가벼운 것이 위로 올라갑니다.

10 가장 높이 올라가 있는 사람은 맨 오른쪽에 있습니다.

11 오른쪽 끝이 맞추어져 있으므로 왼쪽 끝이 가장 많이 남는 ㉡이 가장 깁니다.

12 아래쪽 끝이 맞추어져 있으므로 위쪽 끝을 비교합니다.

13 겹쳐 맞대어 보았을 때 가장 많이 남는 것이 가장 넓고, 가장 많이 모자라는 것이 가장 좁습니다.

14 길이를 비교하는 말에는 '길다', '짧다'가 있습니다.

15 무게를 비교하는 말에는 '무겁다', '가볍다'가 있습니다.

16 달력과 편지지를 겹쳐 맞대어 보면 달력이 남으므로 달력이 편지지보다 더 넓습니다.

17 가장 높은 곳에 있는 모양은 ◯ 모양입니다.

19 크기가 큰 그릇부터 순서대로 씁니다.

20 저울에서 오른쪽이 올라갔으므로 오른쪽이 더 가볍습니다. ➡ ☐ 안에 들어갈 수 있는 쌓기나무는 쌓기나무 2개보다 더 가벼운 ㉠입니다.

21 양쪽 끝이 맞추어져 있으므로 많이 구부러져 있을수록 곧게 폈을 때 길이가 더 깁니다. 따라서 다가 가장 깁니다.

22 위쪽 끝이 맞추어져 있으므로 아래쪽 끝을 비교합니다.

23 ㉢ 다는 가보다 담긴 우유의 양이 더 많습니다.

24 혜린이는 지아보다 더 가볍고, 재하는 지아보다 더 무겁습니다.

혜린   지아   재하
가볍다 ————┼———— 무겁다

➡ 가장 가벼운 사람은 혜린입니다.

25 채점 기준

❶ 주스를 더 많이 마신 사람은 마시고 남은 양이 더 적은 사람인 것을 설명함.	2점	4점
❷ 주스를 더 많이 마신 사람을 구함.	2점	

5. 50까지의 수

1 STEP 개념별 유형

118~122쪽

1 (1) l (2) l0 **2** l0

3 ( ) (◯)

4

5 l0, 십, 열에 ◯표 **6** 은우

7 l0 **8** 6

9 (1) l0 (2) l0

10 (1) 7 (2) 4

11 (1)

(2) 2, 2

12 l, 4, l4

13 예

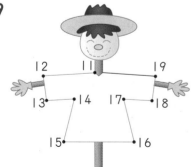

/ l8

14 ll **15** l

16

17 도윤

18 l4, l5

19

20 l3 **21** l7, l9

22

0 l0	0 l2	0 l4	0 l6	0 l8
0 ll	0 l3	0 l5	0 l7	0 l9

23

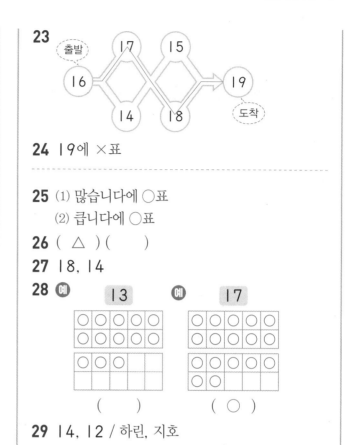

24 l9에 ×표

25 (1) 많습니다에 ◯표
　　(2) 큽니다에 ◯표

26 (△) ( )

27 l8, l4

28 예 | l3 |　예 | l7 |

( )　　　(◯)

29 l4, l2 / 하린, 지호

1 (2) 9보다 l만큼 더 큰 수는 l0입니다.

3 각각 세어 보면 도넛은 8개, 초콜릿은 l0개입니다.

4 ◯가 둘까지 그려져 있으므로 셋부터 열까지 세면서 ◯를 8개 더 그립니다.

5 구슬은 모두 l0개입니다.
l0은 십 또는 열이라고 읽습니다.

6 이 건물은 십 층까지 있어.

7 사과 7개와 3개를 모으기하면 l0개가 됩니다.

8 모자 l0개는 파란 모자 4개와 노란 모자 6개로 가르기할 수 있습니다.

9 (1) 5와 5를 모으기하면 l0이 됩니다.
(2) 9와 l을 모으기하면 l0이 됩니다.

10 (1) l0은 3과 7로 가르기할 수 있습니다.
(2) l0은 6과 4로 가르기할 수 있습니다.

11 (1) ◯가 여덟까지 그려져 있으므로 아홉, 열까지 세면서 ◯를 2개 더 그립니다.
(2) 8과 2를 모으기하면 l0이 됩니다.

12 복숭아가 10개씩 묶음 1개, 낱개 4개가 있습니다. 10개씩 묶음 1개와 낱개 4개는 14입니다.

13 10개씩 묶어 보면 10개씩 묶음 1개와 낱개 8개입니다. → 18

15 중요

> ■▲ → 10개씩 묶음 ■개와 낱개 ▲개

16 10개씩 묶음 1개와 낱개 5개는 15이고, 열다섯이라고 읽습니다. 10개씩 묶음 1개와 낱개 7개는 17이고, 열일곱이라고 읽습니다.

17 다은: 12 → 십이, 열둘
　　도윤: 16 → 십육, 열여섯
　　지유: 18 → 십팔, 열여덟

참고

> 수는 두 가지 방법으로 읽을 수 있습니다.

18 11부터 15까지 수를 순서대로 쓰면 11, 12, 13, 14, 15입니다.

19 11 − 12 − 13 − 14 − 15 − 16 − 17 − 18 − 19의 순서로 선을 이어 봅니다.

20 12와 14 사이에 있는 수는 13입니다.

21 18보다 1만큼 더 작은 수는 바로 앞의 수인 17이고, 18보다 1만큼 더 큰 수는 바로 뒤의 수인 19입니다.

22
10	12	14	16	18
↓ ↗	↓ ↗	↓ ↗	↓ ↗	↓
11	13	15	17	19

23 16 − 17 − 18 − 19의 순서로 길을 찾습니다.

24 13부터 순서대로 수를 쓰면 13, 14, 15, 16, 17입니다. 15보다 1만큼 더 큰 수는 16이므로 잘못 놓은 카드는 19입니다.

26 10개씩 묶음 1개와 낱개 5개는 15, 10개씩 묶음 1개와 낱개 9개는 19입니다.
　　→ 15는 19보다 작습니다.

29 지호는 동전을 12개 가지고 있고, 하린이는 동전을 14개 가지고 있습니다. 14는 12보다 크므로 동전을 더 많이 가지고 있는 사람은 하린입니다.

---

❶~❺ 형성평가　　123쪽

1 1　　　　　　　　**2** 1, 6, 16
3 ⑴ 10　⑵ 9　　**4** 17, 18
5 19 / 열아홉에 ○표　**6** 십일에 색칠
7 15
8 12 / 12 / 큽니다에 ○표

1 9보다 1만큼 더 큰 수는 10입니다.

2 10개씩 묶음이 1개이고 낱개가 6개이면 16입니다.

3 ⑴ 2와 8을 모으기하면 10이 됩니다.
　　⑵ 10은 1과 9로 가르기할 수 있습니다.

5 구슬은 10개씩 묶음 1개와 낱개 9개이므로 19개입니다. → 19는 십구 또는 열아홉이라고 읽습니다.

6 열셋 → 13, 십일 → 11

7 14부터 수를 순서대로 쓰면 14, 15, 16이므로 14와 16 사이에 있는 수는 15입니다.

8 생수병: 15개, 음료수 캔: 12개
　┌ 생수병은 음료수 캔보다 많습니다.
→ └ 15는 12보다 큽니다.

---

1 STEP 개념별 유형　　124~128쪽

1 8, 9, 10, 11 / 11, 11
2 12 / 8, 12　　　**3**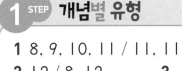
4 14개　　　　　　**5** 9 / 9
6 (○)( )　　　**7** ⑴ 9　⑵ 9
8 8에 ○표
9
```
        12
       /  \
   ⊙⊙⊙    ⊙⊙⊙
   ⊙⊙      ⊙⊙
    6        6
```
10 7개

11 7 / 6

12

13 3, 30   **14** 4, 40

15 ⑴ 20 ⑵ 50   **16** ⑴ 3 ⑵ 4

17 쉰에 ○표

18 (   )(×)(   )

19

20 20개

21 50개

---

22 ⑴ 많습니다에 ○표

⑵ 큽니다에 ○표

23 (△)(   )   **24** 40, 30

25 20, 50   **26** (   )(○)

27 딸기맛

---

3 6과 9, 8과 7을 각각 모으기하면 15가 됩니다.

4 5와 9를 모으기하면 14이므로 주원이가 팔찌를 만드는 데 사용한 구슬은 모두 14개입니다.

7 ⑴ 16은 7과 9로 가르기할 수 있습니다.

⑵ 18은 9와 9로 가르기할 수 있습니다.

8 17은 9와 8로 가르기할 수 있습니다.

9 12는 똑같은 두 수인 6과 6으로 가르기할 수 있습니다.

참고

12는 0과 12, 1과 11, 2와 10, 3과 9, 4와 8, 5와 7, 6과 6, 7과 5, 8과 4, 9와 3, 10과 2, 11과 1, 12와 0으로 가르기할 수 있습니다.

10 13은 6과 7로 가르기할 수 있습니다.

따라서 자동차를 만드는 데 수수깡 13개 중 6개를 사용했으므로 비행기를 만드는 데 사용한 수수깡은 7개입니다.

12 11은 4와 7, 5와 6, 8과 3, ...으로 가르기할 수 있습니다.

---

14 10개씩 묶음 4개는 40입니다.

15 ⑴ 10개씩 묶음 2개이므로 20입니다.

⑵ 10개씩 묶음 5개이므로 50입니다.

16 ⑴ 30은 10개씩 묶음 3개입니다.

⑵ 40은 10개씩 묶음 4개입니다.

17 50은 오십 또는 쉰이라고 읽습니다.

18 10개씩 묶음 2개는 20이라 쓰고, 이십 또는 스물이라고 읽습니다.

참고

십이는 12를 나타냅니다.

19 10개씩 묶음 2개 ➡ 20 ➡ 스물

10개씩 묶음 3개 ➡ 30 ➡ 서른

10개씩 묶음 4개 ➡ 40 ➡ 마흔

20 10개씩 2상자는 20이므로 사과는 모두 20개입니다.

21 10개씩 묶음 5개는 50이므로 다람쥐는 도토리를 50개 모았습니다.

24 10개씩 묶음 4개는 40, 10개씩 묶음 3개는 30입니다. ➡ 40은 30보다 큽니다.

25 10개씩 묶음 5개는 50, 10개씩 묶음 2개는 20입니다. ➡ 20은 50보다 작습니다.

26 삼십 ➡ 30, 쉰 ➡ 50

50이 30보다 큽니다.

27 50이 40보다 크므로 딸기맛 사탕이 더 많습니다.

---

⑥~⑩ 형성평가   **129쪽**

1 (○)(   )   **2** 7

3 20 / 스물, 이십에 ○표

4 (위에서부터) 30, 4   **5**

6 예 6, 9 / 예 7, 8

7 태연   **8** 현서

---

1 • 30 ➡ 삼십, 서른   • 50 ➡ 오십, 쉰

2 바둑돌은 16개입니다.

16은 9와 7로 가르기할 수 있습니다.

3 10마리씩 묶음 2개이므로 20마리입니다.
→ 20: 스물, 이십

4 10개씩 묶음 3개는 30이고, 40은 10개씩 묶음이 4개입니다.

5 8과 5, 9와 4를 각각 모으기하면 13이 됩니다.

6 15는 0과 15, 1과 14, 2와 13, 3과 12, 4와 11, 5와 10, 6과 9, 7과 8, ... 등으로 가르기할 수 있습니다.

7 마흔 번 → 40번
따라서 연경이와 같은 수만큼 훌라후프를 돌린 사람은 태연입니다.

8 50은 10개씩 묶음이 5개이고, 20은 10개씩 묶음이 2개이므로 50은 20보다 큽니다.

1 STEP 개념별 유형 130~134쪽

1 2, 2, 22 **2** 3, 4, 34
3 (1) 32 (2) 43 **4** (왼쪽부터) 2, 8 / 28
5 (위에서부터) 6, 4 **6** (1) 27 (2) 48
7 23 / 이십삼, 스물셋에 ○표
8 ㉢ **9** 지안
10 31자루
11 (순서대로) 22, 23, 26
12

39	40	41	42
43	44	45	46
47	48	49	50

13 ( ) (○) **14** 49
15 36, 38
16 (위에서부터) 29 / 33 / 40
17 ⑤ **18** 삼십구에 색칠
19 ㉢ **20** 34, 35, 36
21 큽니다에 ○표
22 (1) 20에 ○표 (2) 35에 ○표
23 (1) 19에 △표 (2) 22에 △표
24 다은 **25** 34, 40

26 ( ) (○) ( )
27 작습니다에 ○표
28 (1) 38에 ○표 (2) 49에 ○표
29 (1) 42에 △표 (2) 20에 △표
30 (○) ( ) **31** 24, 21
32 43, 42에 ○표

4 10개씩 묶음 2개와 낱개 8개는 28입니다.

5 36은 10개씩 묶음 3개와 낱개 6개입니다.
49는 10개씩 묶음 4개와 낱개 9개입니다.

7 달걀이 10개씩 묶음 2개와 낱개 3개이므로 23입니다. 23은 이십삼 또는 스물셋이라고 읽습니다.

8 ㉠ 36 ㉡ 36 ㉢ 46

9 44는 10개씩 묶음 4개와 낱개 4개인 수이므로 10개씩 묶음의 수와 낱개의 수가 같습니다.
44는 사십사 또는 마흔넷이라고 읽습니다.

10 10자루씩 3상자와 낱개 1자루는 10개씩 묶음 3개와 낱개 1개이므로 31입니다.
따라서 색연필은 모두 31자루입니다.

11 21부터 27까지의 수를 순서대로 쓰면 21, 22, 23, 24, 25, 26, 27입니다.

12 39부터 50까지의 수를 순서대로 씁니다.

13 22보다 1만큼 더 큰 수는 23입니다.

14 48과 50 사이에 있는 수는 49입니다.

15 37보다 1만큼 더 작은 수는 바로 앞의 수인 36이고, 37보다 1만큼 더 큰 수는 바로 뒤의 수인 38입니다.

16 28부터 40까지의 수를 순서대로 씁니다.

17
<u>19와 26 사이에 있는 수</u>
⑲ — 20 — 21 — 22 — 23 — 24 — 25 — ㉖
　　　①　　　　②　　③　　　　④

18 40보다 1만큼 더 작은 수는 39입니다.
삼십구 → 39, 서른여덟 → 38

19 ㉠ 45 ㉡ 45 ㉢ 47

20 순서대로 수를 이어서 말하면 29-30-31-
32-33-34-35-36이므로 유찬이가 말할 수
있는 수 3개는 34, 35, 36입니다.

22 (1) 10개씩 묶음의 수가 더 큰 20이 18보다 큽니다.
(2) 10개씩 묶음의 수가 더 큰 35가 24보다 큽니다.

23 (1) 10개씩 묶음의 수가 더 작은 19가 31보다 작습니다.
(2) 10개씩 묶음의 수가 더 작은 22가 42보다 작습니다.

24 10개씩 묶음의 수가 더 큰 37이 28보다 큽니다.
➡ 다은이가 딱지를 더 많이 모았습니다.

27 10개씩 묶음의 수가 2로 같으므로 낱개의 수를 비교합니다. 낱개의 수가 더 작은 23이 27보다 작습니다.

28~29 10개씩 묶음의 수가 같으므로 낱개의 수가 클수록 큰 수이고, 낱개의 수가 작을수록 작은 수입니다.

30 10개씩 묶음의 수가 같으므로 낱개의 수를 비교하면 딸기가 더 많습니다.

32 10개씩 묶음 4개와 낱개 5개인 수는 45이므로 45보다 작은 수를 모두 찾으면 43, 42입니다.

⑪~⑭ 형성평가   135쪽

1 4   2 29, 30
3 19, 21
4 크고에 ○표, 작습니다에 ○표
5

🐰 출발 →	43	40	31	27
	44	35	25	23
	45	18	49	50 → 도착
	46	47	48	10

6 45   7 ㉡
8 33, 42에 ○표

6 왼쪽은 45, 오른쪽은 41이므로 더 큰 쪽의 수는 45입니다.

---

7 ㉠ 32 ㉡ 39 ㉢ 32
8 스물여섯 ➡ 26
26보다 큰 수는 33과 42입니다.

2 STEP 꼬리를 무는 유형   136~139쪽

1 십에 ○표   2 ×
3 ㉡   4 50
5 2   6 4
7 3봉지   8 35
9 28   10 19번
11 27에 ○표   12 30에 △표
13 ( ) (○) ( ).
14 소나무

15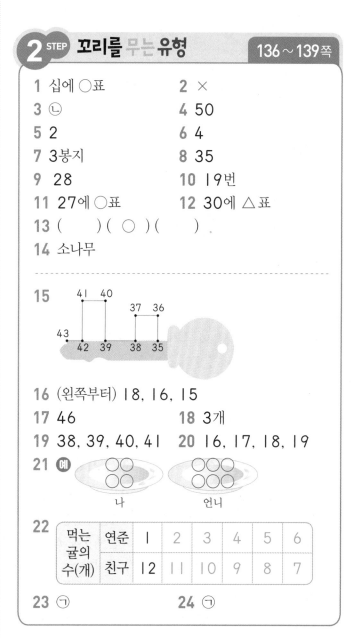

16 (왼쪽부터) 18, 16, 15
17 46   18 3개
19 38, 39, 40, 41   20 16, 17, 18, 19
21 예

나   언니

22

먹는 귤의 수(개)	연준	1	2	3	4	5	6
	친구	12	11	10	9	8	7

23 ㉠   24 ㉠

---

1 10일 ➡ 십 일

2 12명 ➡ 열두 명

3 ㉠ 번호가 삼십구 번인 버스를 타세요.
㉡ 오늘은 우리 학교의 서른아홉 번째 개교기념일이야.

6 마흔 ➡ 40
40은 10개씩 4묶음입니다.

7 30은 10개씩 3묶음이므로 고구마 30개를 모두 담으려면 3봉지가 필요합니다.

8 30-31-32-33-34-35이므로 ㉠에 알맞은 수는 35입니다.

9

9	10	11	12	13	14	15
16	17	18	19	20	21	22
23	24	25	26	27	28	29

중요
9부터 수를 순서대로 쓰면서 색칠한 칸에 알맞은 수를 찾습니다.

10

1부터 10까지 수를 쓴 방향을 알아보고, 수의 순서에 맞게 빈 자리에 번호를 쓰면 도윤이가 앉은 자리의 번호는 19번입니다.

11 먼저 10개씩 묶음의 수가 더 큰 25와 27이 19보다 큽니다. 25와 27의 크기를 비교하면 27이 25보다 낱개의 수가 더 크므로 27이 가장 큽니다.

12 먼저 10개씩 묶음의 수가 더 작은 30과 38이 40보다 작습니다. 30과 38의 크기를 비교하면 30이 38보다 낱개의 수가 더 작으므로 30이 가장 작습니다.

13 마흔하나 ➡ 41, 사십이 ➡ 42, 서른다섯 ➡ 35
10개씩 묶음의 수가 더 큰 41과 42가 35보다 큽니다. 41과 42의 크기를 비교하면 42가 41보다 낱개의 수가 더 크므로 42가 가장 큽니다.

14 스물여덟 ➡ 28
28, 34, 36의 크기를 비교하면 10개씩 묶음의 수가 더 큰 34와 36이 28보다 큽니다. 34와 36의 크기를 비교하면 36이 34보다 낱개의 수가 더 크므로 36이 가장 큽니다. 따라서 소나무가 가장 많습니다.

17 50-49-48-47-<u>46</u>
　　　　　　　　　　　㉠

18

24 | 25 26 27 | 28

24보다 크고 28보다 작은 수는 25, 26, 27이므로 3개입니다.

19

37 | 38 39 40 41 | 42

37보다 크고 42보다 작은 수는 38, 39, 40, 41입니다.

20 시후: 10개씩 묶음 1개와 낱개 5개인 수 ➡ 15
지유: 10개씩 묶음 2개인 수 ➡ 20

15 | 16 17 18 19 | 20

15보다 크고 20보다 작은 수는 16, 17, 18, 19입니다.

21

10	나	1	2	3	4
	언니	9	8	7	6

23 8과 6을 모으기하면 14가 되므로 ㉠=6입니다.
12는 5와 7로 가르기할 수 있으므로 ㉡=5입니다.
➡ 6이 5보다 크므로 더 큰 수는 ㉠입니다.

24 8과 9를 모으기하면 17이 되므로 ㉠=8입니다.
15는 5와 10으로 가르기할 수 있으므로 ㉡=10입니다.
➡ 8이 10보다 작으므로 더 작은 수는 ㉠입니다.

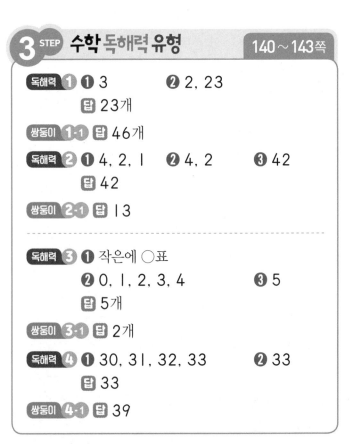

3 STEP 수학 독해력 유형　140~143쪽

독해력 1 ❶ 3　　❷ 2, 23
답 23개

쌍둥이 1-1 답 46개

독해력 2 ❶ 4, 2, 1　❷ 4, 2　❸ 42
답 42

쌍둥이 2-1 답 13

독해력 3 ❶ 작은에 ○표
❷ 0, 1, 2, 3, 4　❸ 5
답 5개

쌍둥이 3-1 답 2개

독해력 4 ❶ 30, 31, 32, 33　❷ 33
답 33

쌍둥이 4-1 답 39

독해력 1 10개씩 묶음 1개와 낱개 13개

➡ 10개씩 묶음 2개와 낱개 3개

➡ 23개

쌍둥이 1-1 ❶

낱개	10개씩 묶음	낱개
16개	1개	6개

❷ 동전은 모두 몇 개인지 구하기:

10개씩 묶음 3+1=4(개), 낱개 6개

➡ 46개

독해력 2 가장 큰 몇십몇을 만들 때 가장 큰 수인 4를 10개씩 묶음의 수로, 두 번째로 큰 수인 2를 낱개의 수로 하여 가장 큰 몇십몇을 만듭니다. ➡ 42

쌍둥이 2-1 ❶ 수 카드를 작은 수부터 차례로 쓰기:

1, 3, 4

❷ 가장 작은 몇십몇 만들기

➡ 10개씩 묶음의 수: 1, 낱개의 수: 3

❸ 수 카드로 만들 수 있는 가장 작은 몇십몇: 13

독해력 3 ❶ 2■가 25보다 작아야 하므로 ■는 5보다 작은 수입니다.

❷ ■가 5보다 작은 수이므로 ■에 알맞은 수는 0, 1, 2, 3, 4입니다.

❸ ■에 알맞은 수는 모두 5개입니다.

쌍둥이 3-1 ❶ 낱개의 수 비교하기:

■는 7보다 큰 수입니다.

❷ 0부터 9까지의 수 중 ■에 알맞은 수 구하기: 8, 9

❸ ■에 알맞은 수는 모두 2개입니다.

참고

두 수의 크기를 비교할 때

(1) 10개씩 묶음의 수가 다른 경우는 10개씩 묶음의 수가 클수록 큰 수입니다.

(2) 10개씩 묶음의 수가 같은 경우는 낱개의 수가 클수록 큰 수입니다.

독해력 4 ❷ 33은 10개씩 묶음의 수와 낱개의 수가 3으로 같습니다.

쌍둥이 4-1 ❶ 38보다 크고 43보다 작은 수 찾기: 39, 40, 41, 42

❷ 위 ❶에서 찾은 수 중 10개씩 묶음의 수가 낱개의 수보다 작은 수 구하기: 39

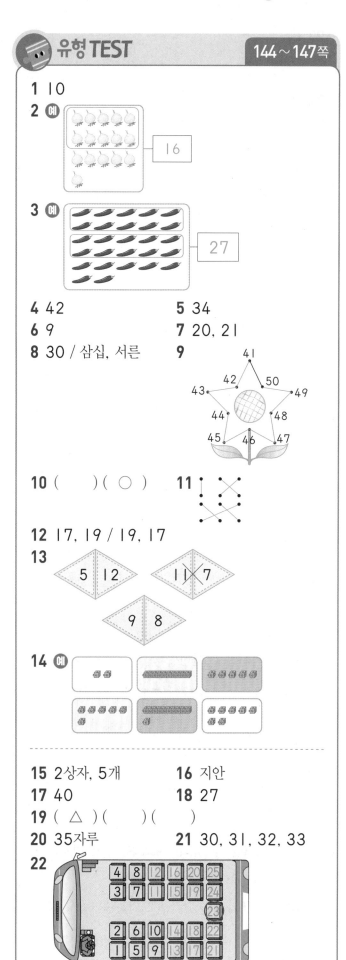

유형 TEST   144~147쪽

1 10

2 예   16

3 예   27

4 42   5 34
6 9   7 20, 21
8 30 / 삼십, 서른   9

10 (   ) (○)   11

12 17, 19 / 19, 17

13   5 12   11 7
      9 8

14 예

15 2상자, 5개   16 지안
17 40   18 27
19 (△)(   )(   )
20 35자루   21 30, 31, 32, 33
22

23 (예)

나   누나

24 3개

25 (예) ❶ 9와 9를 모으기하면 18이 되므로
㉠=9입니다.
❷ 13은 8과 5로 가르기할 수 있으므로
㉡=8입니다.
❸ 9가 8보다 크므로 더 큰 수는 ㉠입니다.

답 ㉠

1 9보다 1만큼 더 큰 수는 10입니다.

2 10개씩 묶어 보면 10개씩 묶음 1개와 낱개 6개이
므로 16입니다.

3 10개씩 묶어 보면 10개씩 묶음 2개와 낱개 7개이
므로 27입니다.

7 19 - 20 - 21 - 22

8 10개씩 묶음이 3개이므로 30입니다.
30은 삼십 또는 서른이라고 읽습니다.

10 •10개씩 묶음의 수가 더 큰 28이 13보다 큽니다.
•32와 37은 10개씩 묶음의 수가 같으므로 낱개
의 수를 비교하면 낱개의 수가 더 큰 37이 32보
다 큽니다.

11 •15 ➡ 십오, 열다섯   •43 ➡ 사십삼, 마흔셋
•21 ➡ 이십일, 스물하나

12 10개씩 묶음 1개와 낱개 7개는 17, 10개씩 묶음
1개와 낱개 9개는 19입니다.
➡ 19는 17보다 큽니다.

참고
10개씩 묶음의 수가 같을 때에는 낱개의 수가 클수록 큰
수입니다.

13 17은 5와 12, 11과 6, 9와 8, …로 가르기할 수
있습니다.

14 10과 6, 11과 5를 각각 모으기하면 16이 됩니다.

15 25는 10개씩 묶음 2개와 낱개 5개입니다.
따라서 도넛 25개는 2상자가 되고, 5개가 남습니다.

16 유찬: 오늘은 유월 십 일이야.
지안: 우리 오빠는 열 살이야.

17 빈 병: 10개씩 묶음 4개 ➡ 40
빈 캔: 10개씩 묶음 2개 ➡ 20
40이 20보다 큽니다.

18 31 - 30 - 29 - 28 - 27
                              ㉠

19 이십육 ➡ 26, 쉰 ➡ 50, 스물아홉 ➡ 29
10개씩 묶음의 수가 더 작은 26과 29는 50보다
작습니다. 26과 29의 크기를 비교하면 26이 29
보다 낱개의 수가 더 작으므로 26이 가장 작습니다.

20 연필의 수: 10자루씩 묶음 2개와 낱개 15자루
➡ 10자루씩 묶음 3개와 낱개 5자루
➡ 35자루

참고
낱개 15자루는 10자루씩 묶음 1개와 낱개 5자루입니다.

21

| 29 | 30 | 31 | 32 | 33 | 34 |

29보다 크고 34보다 작은 수는 30, 31, 32, 33
입니다.

22 1부터 10까지 수를 쓴 방향을 알아보고, 수의 순서
에 맞게 빈 곳에 번호를 써서 23번 자리에 ○표 합
니다.

23

14	나	1	2	3	4	5	6
	누나	13	12	11	10	9	8

24 4■가 43보다 작아야 하므로 ■는 3보다 작은 수
입니다. 따라서 ■에 알맞은 수는 0, 1, 2로 모두
3개입니다.

25 채점 기준

❶ 모으기를 이용하여 ㉠에 알맞은 수를 구한 경우	2점	
❷ 가르기를 이용하여 ㉡에 알맞은 수를 구한 경우	1점	4점
❸ 수의 크기를 비교하여 ㉠과 ㉡ 중 더 큰 수를 구한 경우	1점	

1. 9까지의 수

1 응용력 향상 **집중 연습** 2쪽

1 4, 7   **2** 5, 8
3 3, 4, 6   **4** 2, 7, 9
5 6, 9, 3   **6** 8, 7, 5

1 🍉: 하나, 둘, 셋, 넷이므로 4입니다.

🍌: 하나, 둘, 셋, 넷, 다섯, 여섯, 일곱이므로 7입니다.

2 🐔: 하나, 둘, 셋, 넷, 다섯이므로 5입니다.

🐤: 하나, 둘, 셋, 넷, 다섯, 여섯, 일곱, 여덟이므로 8입니다.

1 응용력 향상 **집중 연습** 3쪽

1 6에 ○표, 2에 △표   **2** 8에 ○표, 1에 △표
3 9에 ○표, 0에 △표   **4** 7에 ○표, 3에 △표
5 8에 ○표, 2에 △표   **6** 7에 ○표, 1에 △표
7 8에 ○표, 0에 △표   **8** 9에 ○표, 2에 △표

전략
수를 순서대로 썼을 때 앞에 있을수록 작은 수이고, 뒤에 있을수록 큰 수입니다.

1 0 – 1 – 2 – 3 – 4 – 5 – 6 – 7 – 8 – 9
           가장   가장
         작은 수   큰 수

2 0 – 1 – 2 – 3 – 4 – 5 – 6 – 7 – 8 – 9
      가장   가장
    작은 수   큰 수

1 응용력 향상 **집중 연습** 4쪽

1 (위에서부터) 8, 5, 8
2 (위에서부터) 6, 6, 5
3 (위에서부터) 7, 7, 6
4 (위에서부터) 9, 8, 9
5 (위에서부터) 5, 4, 5
6 (위에서부터) 8, 7, 8

1
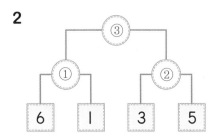

① 2와 5 중 더 큰 수는 5입니다.
② 8과 4 중 더 큰 수는 8입니다.
③ 5와 8 중 더 큰 수는 8입니다.

2

① 6과 1 중 더 큰 수는 6입니다.
② 3과 5 중 더 큰 수는 5입니다.
③ 6과 5 중 더 큰 수는 6입니다.

1 응용력 향상 **집중 연습** 5쪽

1 9, 6에 ○표   **2** 2, 0에 ○표
3 7, 9, 8에 ○표   **4** 5, 4에 ○표
5 7, 8에 ○표   **6** 6, 5, 7에 ○표

전략
수를 순서대로 썼을 때 뒤의 수가 앞의 수보다 큰 수이고, 앞의 수가 뒤의 수보다 작은 수입니다.

1 0 – 1 – 2 – 3 – 4 – 5 – 6 – 7 – 8 – 9
                      5보다 큰 수

➡ 주어진 수 중 5보다 큰 수는 9, 6입니다.

2 0 – 1 – 2 – 3 – ④ – 5 – 6 – 7 – 8 – 9
          4보다 작은 수

➡ 주어진 수 중 4보다 작은 수는 2, 0입니다.

4 0 – 1 – 2 – 3 – 4 – 5 – 6 – 7 – 8 – 9
3보다 큰 수는 4, 5, 6, 7, 8, 9이고 이 중에서 6보다 작은 수는 4, 5입니다.

➡ 주어진 수 중 3보다 크고 6보다 작은 수는 5, 4입니다.

5 0 – 1 – 2 – 3 – 4 – 5 – 6 – 7 – 8 – 9
5보다 큰 수는 6, 7, 8, 9이고 이 중에서 9보다 작은 수는 6, 7, 8입니다. ➜ 주어진 수 중 5보다 크고 9보다 작은 수는 7, 8입니다.

1 응용력 향상 집중 연습   6쪽

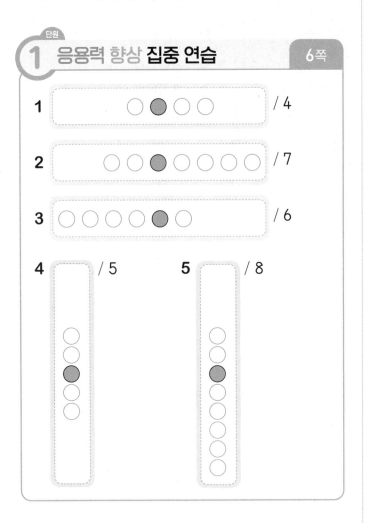

1 ○ ● ○ ○   / 4

2 ○ ○ ● ○ ○ ○ ○   / 7

3 ○ ○ ○ ○ ● ○   / 6

4   / 5   **5**   / 8

1 응용력 향상 집중 연습   7쪽

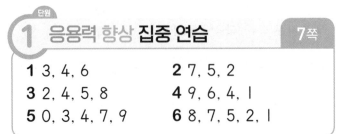

1 3, 4, 6   **2** 7, 5, 2
3 2, 4, 5, 8   **4** 9, 6, 4, 1
5 0, 3, 4, 7, 9   **6** 8, 7, 5, 2, 1

전략
수를 순서대로 썼을 때 앞에 있을수록 작은 수이고, 뒤에 있을수록 큰 수입니다.

1 0 – 1 – 2 – 3 – 4 – 5 – 6 – 7 – 8 – 9
➜ 3<4<6

2 0 – 1 – 2 – 3 – 4 – 5 – 6 – 7 – 8 – 9
➜ 7>5>2

1 창의·융합·코딩 학습   8~9쪽

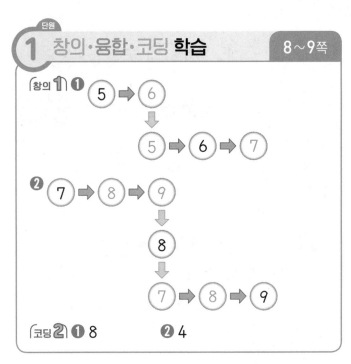

코딩2 ❶ 8   **❷** 4

창의1 ❷

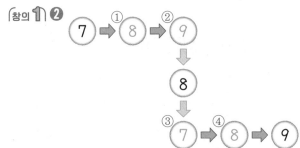

① 7보다 1만큼 더 큰 수는 8입니다.
② 8보다 1만큼 더 큰 수는 9입니다.
③ 8보다 1만큼 더 작은 수는 7입니다.
④ 7보다 1만큼 더 큰 수는 8입니다.

코딩2 ❶ 5부터 시작
↓ 1번 반복
5보다 1만큼 더 큰 수: 6
↓ 2번 반복
6보다 1만큼 더 큰 수: 7
↓ 3번 반복
7보다 1만큼 더 큰 수: 8

❷ 6부터 시작
↓ 1번 반복
6보다 1만큼 더 작은 수: 5
↓ 2번 반복
5보다 1만큼 더 작은 수: 4

BOOK❷ 5~9쪽

2. 여러 가지 모양

2단원 응용력 향상 집중 연습   10쪽

1 ㉠	**2** ㉡
3 ㉢	**4** ㉡
5 ㉡, ㉢, ㉤	**6** ㉠, ㉢, ㉣

1 설명하는 모양은 ◯ 모양입니다.
→ ◯ 모양은 ㉠ 축구공입니다.

2 설명하는 모양은 ⬜ 모양입니다.
→ ⬜ 모양은 ㉡ 풀입니다.

3 설명하는 모양은 ⬛ 모양입니다.
→ ⬛ 모양은 ㉢ 서랍장입니다.

4 설명하는 모양은 ◯ 모양입니다.
→ ◯ 모양은 ㉡ 구슬입니다.

5 설명하는 모양은 ⬜ 모양입니다.
→ ⬜ 모양은 ㉡ 음료수 캔, ㉢ 북, ㉤ 분유통입니다.

6 설명하는 모양은 ⬛ 모양과 ⬜ 모양입니다.
→ ⬛ 모양은 ㉠ 지우개, ㉢ 과일 상자이고 ⬜ 모양은 ㉣ 타이어입니다.

2단원 응용력 향상 집중 연습   11쪽

1 ⬛에 ◯표	**2** ⬜에 ◯표	**3** ◯에 ◯표
4 ⬛에 ◯표	**5** ⬛에 ◯표	**6** ⬜에 ◯표

1 가: ⬛와 ⬜ 모양, 나: ⬛와 ◯ 모양
→ 두 모양을 만드는 데 모두 사용한 모양: ⬛ 모양

2 가: ⬜와 ◯ 모양, 나: ⬛와 ⬜ 모양
→ 두 모양을 만드는 데 모두 사용한 모양: ⬜ 모양

3 가: ⬛와 ◯ 모양, 나: ⬛와 ◯ 모양
→ 두 모양을 만드는 데 모두 사용한 모양: ◯ 모양

4 가: ⬛와 ◯ 모양, 나: ⬛와 ⬜ 모양
→ 두 모양을 만드는 데 모두 사용한 모양: ⬛ 모양

5 가: ⬛와 ⬜ 모양, 나: ⬛와 ◯ 모양
→ 두 모양을 만드는 데 모두 사용한 모양: ⬛ 모양

6 가: ⬜와 ◯ 모양, 나: ⬛와 ⬜ 모양
→ 두 모양을 만드는 데 모두 사용한 모양: ⬜ 모양

2단원 응용력 향상 집중 연습   12쪽

1 민호	**2** 세진	**3** 재윤
4 혜지	**5** 민주	**6** 건우

1 ⬛ 모양 2개, ⬜ 모양 1개, ◯ 모양 2개로 만든 사람은 민호입니다.

2 ⬛ 모양 2개, ⬜ 모양 2개, ◯ 모양 1개로 만든 사람은 세진입니다.

3 ⬛ 모양 1개, ⬜ 모양 2개, ◯ 모양 4개로 만든 사람은 재윤입니다.

4 ⬛ 모양 3개, ⬜ 모양 2개, ◯ 모양 2개로 만든 사람은 혜지입니다.

5 ⬛ 모양 2개, ⬜ 모양 4개, ◯ 모양 1개로 만든 사람은 민주입니다.

6 ⬛ 모양 4개, ⬜ 모양 1개, ◯ 모양 2개로 만든 사람은 건우입니다.

2단원 응용력 향상 집중 연습   13쪽

1 ⬛에 ◯표	**2** ⬜에 ◯표	**3** ⬛에 ◯표
4 ◯에 ◯표	**5** ⬛에 ◯표	**6** ◯에 ◯표

1 🔷 모양 6개, 🔵 모양 1개, ⚪ 모양 2개로 만들었습니다. 6, 1, 2 중에서 가장 큰 수는 6이므로 가장 많이 사용한 모양은 🔷 모양입니다.

2 🔷 모양 1개, 🔵 모양 6개, ⚪ 모양 3개로 만들었습니다. 1, 6, 3 중에서 가장 큰 수는 6이므로 가장 많이 사용한 모양은 🔵 모양입니다.

3 🔷 모양 4개, 🔵 모양 3개, ⚪ 모양 2개로 만들었습니다. 4, 3, 2 중에서 가장 큰 수는 4이므로 가장 많이 사용한 모양은 🔷 모양입니다.

4 🔷 모양 3개, 🔵 모양 4개, ⚪ 모양 1개로 만들었습니다. 3, 4, 1 중에서 가장 작은 수는 1이므로 가장 적게 사용한 모양은 ⚪ 모양입니다.

5 🔷 모양 7개, 🔵 모양 2개, ⚪ 모양 5개로 만들었습니다. 7, 2, 5 중에서 가장 작은 수는 2이므로 가장 적게 사용한 모양은 🔵 모양입니다.

6 🔷 모양 4개, 🔵 모양: 5개, ⚪ 모양 3개로 만들었습니다. 4, 5, 3 중에서 가장 작은 수는 3이므로 가장 적게 사용한 모양은 ⚪ 모양입니다.

단원 2 창의·융합·코딩 학습　14~15쪽

코딩 1 ❶ 🔵 에 ○표 ❷ 🔷 에 ○표 ❸ ⚪ 에 ○표

창의 2

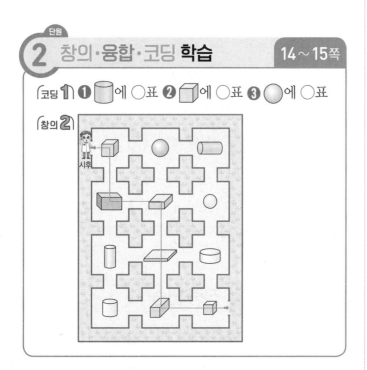

코딩 1 ❶ 🔷 → 🔵 ❷ 🔵 → 🔷 ❸ ⚪ → 🔷 → ⚪

---

3. 덧셈과 뺄셈

단원 3 응용력 향상 집중 연습　16쪽

1 ㉡	**2** ㉠
3 ㉡	**4** ㉠
5 ㉠	**6** ㉠

1 3과 1을 모으기하면 4입니다. → ㉠=4
2와 4를 모으기하면 6입니다. → ㉡=6
➡ 6이 4보다 크므로 더 큰 것은 ㉡입니다.

2 1과 6을 모으기하면 7입니다. → ㉠=7
4와 4를 모으기하면 8입니다. → ㉡=8
➡ 7이 8보다 작으므로 더 작은 것은 ㉠입니다.

3 4와 1을 모으기하면 5입니다. → ㉠=5
5와 3을 모으기하면 8입니다. → ㉡=8
➡ 8이 5보다 크므로 더 큰 것은 ㉡입니다.

4 2와 5를 모으기하면 7입니다. → ㉠=7
3과 6을 모으기하면 9입니다. → ㉡=9
➡ 7이 9보다 작으므로 더 작은 것은 ㉠입니다.

5 4와 3을 모으기하면 7입니다. → ㉠=7
1과 5를 모으기하면 6입니다. → ㉡=6
➡ 7이 6보다 크므로 더 큰 것은 ㉠입니다.

6 6과 2를 모으기하면 8입니다. → ㉠=8
5와 4를 모으기하면 9입니다. → ㉡=9
➡ 8이 9보다 작으므로 더 작은 것은 ㉠입니다.

단원 3 응용력 향상 집중 연습　17쪽

1 1	**2** 3
3 2	**4** 2
5 8	**6** 0

1 2+3=5이므로 4+□=5입니다.
➡ 4+1=5이므로 □=1입니다.

2 5-2=3이므로 6-□=3입니다.
➡ 6-3=3이므로 □=3입니다.

3 9−3=6이므로 8−□=6입니다.
➡ 8−2=6이므로 □=2입니다.

4 4+0=4이므로 2+□=4입니다.
➡ 2+2=4이므로 □=2입니다.

5 3+6=9이므로 1+□=9입니다.
➡ 1+8=9이므로 □=8입니다.

6 7−4=3이므로 3−□=3입니다.
➡ 3−0=3이므로 □=0입니다.

③ 응용력 향상 집중 연습 18쪽

1 3+1=4 / 1+3=4
2 8−2=6 / 8−6=2
3 6+3=9 / 3+6=9
4 5−1=4 / 5−4=1
5 0+6=6 / 6+0=6
6 7−2=5 / 7−5=2

1 가장 큰 수를 계산 결과에 놓아 덧셈식을 만듭니다.
➡ 3+1=4, 1+3=4

2 가장 큰 수에서 나머지 두 수를 각각 빼는 뺄셈식을 만듭니다.
➡ 8−2=6, 8−6=2

5 주어진 수에 0이 있으므로 0+(어떤 수)=(어떤 수), (어떤 수)+0=(어떤 수)인 덧셈식을 만듭니다.
➡ 0+6=6, 6+0=6

③ 응용력 향상 집중 연습 19쪽

1 예 6, 1
2 예 1, 3
3 예 5, 1
4 예 2, 3
5 예 5, 3
6 예 3, 6

1 7을 가르기하면 (0, 7), (1, 6), (2, 5), (3, 4), (4, 3), (5, 2), (6, 1), (7, 0)입니다.
➡ (,)에 (4, 3), (5, 2), (6, 1), (7, 0)을 쓸 수 있습니다.

2 4를 가르기하면 (0, 4), (1, 3), (2, 2), (3, 1), (4, 0)입니다.
➡ (,)에 (0, 4), (1, 3)을 쓸 수 있습니다.

3 6을 가르기하면 (0, 6), (1, 5), (2, 4), (3, 3), (4, 2), (5, 1), (6, 0)입니다.
➡ (,)에 (4, 2), (5, 1), (6, 0)을 쓸 수 있습니다.

4 5를 가르기하면 (0, 5), (1, 4), (2, 3), (3, 2), (4, 1), (5, 0)입니다.
➡ (,)에 (0, 5), (1, 4), (2, 3)을 쓸 수 있습니다.

5 8을 가르기하면 (0, 8), (1, 7), (2, 6), (3, 5), (4, 4), (5, 3), (6, 2), (7, 1), (8, 0)입니다.
➡ (,)에 (5, 3), (6, 2), (7, 1), (8, 0)을 쓸 수 있습니다.

6 9를 가르기하면 (0, 9), (1, 8), (2, 7), (3, 6), (4, 5), (5, 4), (6, 3), (7, 2), (8, 1), (9, 0)입니다.
➡ (,)에 (0, 9), (1, 8), (2, 7), (3, 6), (4, 5)를 쓸 수 있습니다.

③ 응용력 향상 집중 연습 20쪽

1 8−2=6
2 9−0=9
3 7−3=4
4 8−1=7
5 9−4=5
6 6−3=3

1 차가 가장 크려면 가장 큰 수에서 가장 작은 수를 빼야 합니다.
큰 수부터 차례로 쓰면 8, 5, 3, 2이므로 가장 큰 수는 8, 가장 작은 수는 2입니다.
➡ 차가 가장 큰 뺄셈식: 8−2=6

2 큰 수부터 차례로 쓰면 9, 7, 2, 0이므로 가장 큰 수는 9, 가장 작은 수는 0입니다.
➡ 차가 가장 큰 뺄셈식: 9−0=9

3 큰 수부터 차례로 쓰면 7, 6, 4, 3이므로 가장 큰 수는 7, 가장 작은 수는 3입니다.
➡ 차가 가장 큰 뺄셈식: 7−3=4

4 큰 수부터 차례로 쓰면 8, 7, 5, 1이므로 가장 큰 수는 8, 가장 작은 수는 1입니다.

➡ 차가 가장 큰 뺄셈식: $8-1=7$

5 큰 수부터 차례로 쓰면 9, 8, 6, 4이므로 가장 큰 수는 9, 가장 작은 수는 4입니다.

➡ 차가 가장 큰 뺄셈식: $9-4=5$

6 큰 수부터 차례로 쓰면 6, 5, 4, 3이므로 가장 큰 수는 6, 가장 작은 수는 3입니다.

➡ 차가 가장 큰 뺄셈식: $6-3=3$

3 응용력 향상 집중 연습 21쪽

1 4, 6	**2** 3, 8
3 6, 3	**4** 7, 7
5 5, 1	**6** 2, 3

1 $1+3=4$이므로 ♥=4입니다.

♥$+2=4+2=6$이므로 ★=6입니다.

➡ ♥=4, ★=6

2 $7-4=3$이므로 ♥=3입니다.

♥$+5=3+5=8$이므로 ★=8입니다.

➡ ♥=3, ★=8

3 $4+2=6$이므로 ♥=6입니다.

♥$-3=6-3=3$이므로 ★=3입니다.

➡ ♥=6, ★=3

4 $9-2=7$이므로 ♥=7입니다.

♥$-0=7-0=7$이므로 ★=7입니다.

➡ ♥=7, ★=7

5 $0+5=5$이므로 ♥=5입니다.

♥$+★=5+★=6$에서 $5+1=6$이므로 ★=1입니다.

➡ ♥=5, ★=1

6 $5-3=2$이므로 ♥=2입니다.

♥$+★=2+★=5$에서 $2+3=5$이므로 ★=3입니다.

➡ ♥=2, ★=3

3 창의·융합·코딩 학습 22~23쪽

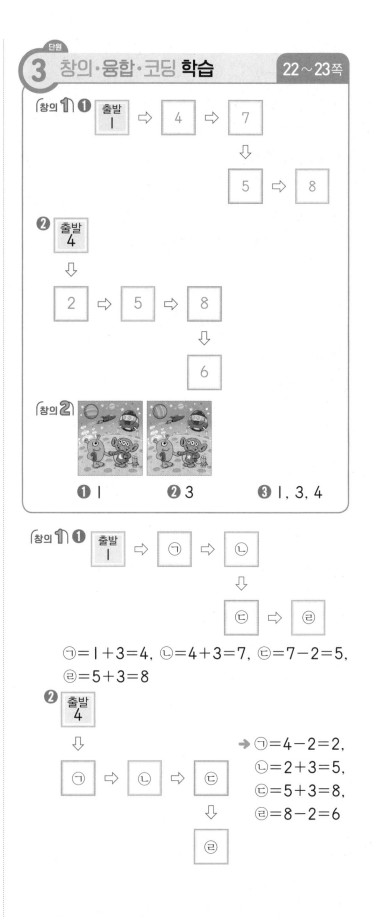

창의 1 ❶ 출발 1 ⇨ 4 ⇨ 7 ⇨ 5 ⇨ 8

❷ 출발 4 ⇨ 2 ⇨ 5 ⇨ 8 ⇨ 6

창의 2 ❶ 1   ❷ 3   ❸ 1, 3, 4

창의 1 ❶ 출발 1 ⇨ ㉠ ⇨ ㉡ ⇨ ㉢ ⇨ ㉣

㉠$=1+3=4$, ㉡$=4+3=7$, ㉢$=7-2=5$, ㉣$=5+3=8$

❷ 출발 4 ⇨ ㉠ ⇨ ㉡ ⇨ ㉢ ⇨ ㉣

➡ ㉠$=4-2=2$, ㉡$=2+3=5$, ㉢$=5+3=8$, ㉣$=8-2=6$

창의 2 ❸ (삐빠와 롤리의 눈의 수의 합)
=(삐빠의 눈의 수)+(롤리의 눈의 수)
$=1+3=4$(개)

4. 비교하기

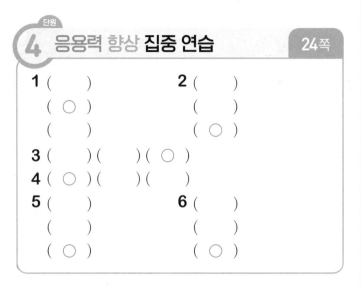

1 ( )   2 ( )
  (○)   ( )
  ( )   (○)

3 ( )( )(○)
4 (○)( )( )
5 ( )   6 ( )
  ( )   ( )
  (○)   (○)

1 왼쪽 끝이 맞추어져 있으므로 오른쪽 끝을 비교합니다.

2 오른쪽 끝이 맞추어져 있으므로 왼쪽 끝을 비교합니다.

3~4 위쪽 끝이 맞추어져 있으므로 아래쪽 끝을 비교합니다.

5 색연필과 크레파스는 오른쪽 끝이 맞추어져 있으므로 왼쪽 끝을 비교하면 색연필이 더 길고, 색연필과 연필은 왼쪽 끝이 맞추어져 있으므로 오른쪽 끝을 비교하면 연필이 더 깁니다. 따라서 연필이 가장 깁니다.

6 옥수수와 오이는 왼쪽 끝이 맞추어져 있으므로 오른쪽 끝을 비교하면 오이가 더 길고, 당근과 오이는 오른쪽 끝이 맞추어져 있으므로 왼쪽 끝을 비교하면 오이가 더 깁니다. 따라서 오이가 가장 깁니다.

1 ㉠, ㉡   2 ㉡, ㉠
3 ㉠, ㉢   4 ㉠, ㉢
5 ㉢, ㉡   6 ㉡, ㉠

1~3 왼쪽 끝이 맞추어져 있으므로 오른쪽 끝을 비교합니다.

4 아래쪽 끝이 맞추어져 있으므로 위쪽 끝을 비교합니다.

5 ㉠은 ㉢보다 더 짧고, ㉡보다 더 깁니다.

6 ㉢은 ㉡보다 더 짧고, ㉠보다 더 깁니다.

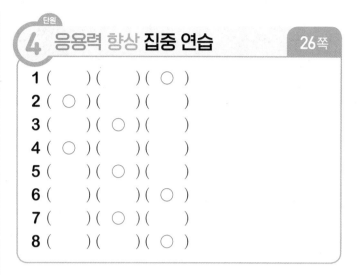

1 ( )( )(○)
2 (○)( )( )
3 ( )(○)( )
4 (○)( )( )
5 ( )(○)( )
6 ( )(○)( )
7 ( )(○)( )
8 ( )( )(○)

1~8 위쪽 끝이 맞추어져 있으므로 아래쪽 끝을 비교합니다.

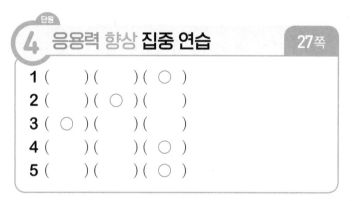

1 ( )( )(○)
2 ( )(○)( )
3 (○)( )( )
4 ( )( )(○)
5 ( )( )(○)

1~5 실생활에서 경험한 것을 생각하여 물건의 무게를 비교합니다.

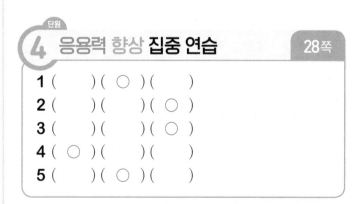

1 ( )(○)( )
2 ( )( )(○)
3 ( )( )(○)
4 (○)( )( )
5 ( )(○)( )

1 칸 수를 세어 색칠한 부분이 보기에 주어진 것보다 많은 것을 찾아 ○표 합니다.
보기의 색칠한 칸 수: 5칸
맨 왼쪽: 4칸 , 가운데: 6칸, 맨 오른쪽: 5칸
➡ 보기에 주어진 것보다 더 넓은 것은 가운데입니다.

4 응용력 향상 집중 연습 29쪽

1 (　) (　) (○)
2 (○) (　) (　)
3 (　) (○) (　)
4 (○) (　) (　)
5 (　) (○) (　)
6 (○) (　) (　)
7 (○) (　) (　)
8 (　) (　) (○)

1~2 그릇의 모양과 크기가 같으므로 물의 높이를 비교합니다.

3~6 물의 높이가 같으므로 그릇의 크기를 비교합니다.

7 맨 왼쪽과 가운데는 물의 높이가 같으므로 그릇의 크기가 더 큰 맨 왼쪽에 담긴 물의 양이 더 많습니다. 맨 왼쪽과 맨 오른쪽은 그릇의 모양과 크기가 같으므로 물의 높이가 더 높은 맨 왼쪽에 담긴 물의 양이 더 많습니다. 따라서 담긴 물의 양이 가장 많은 것은 맨 왼쪽입니다.

8 맨 왼쪽과 가운데는 그릇의 모양과 크기가 같으므로 물의 높이가 더 높은 가운데에 담긴 물의 양이 더 많습니다. 가운데와 맨 오른쪽은 물의 높이가 같으므로 그릇의 크기가 더 큰 맨 오른쪽에 담긴 물의 양이 더 많습니다. 따라서 담긴 물의 양이 가장 많은 것은 맨 오른쪽입니다.

4 창의·융합·코딩 학습 30~31쪽

코딩 **1** 동화책, 버스

창의 **2** ❶ 짧아에 ○표
　　　 ❷ 넓어에 ○표
　　　 ❸ 무거운에 ○표

창의 **2** ❶ 남자아이의 바지가 더 짧아졌습니다.
　　　 ❷ 지붕이 더 넓어졌습니다.
　　　 ❸ 흥부가 더 무거운 것을 들고 있습니다.

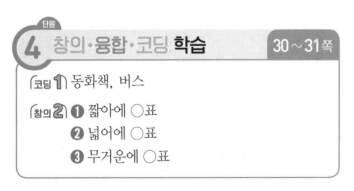

5. 50까지의 수

5 응용력 향상 집중 연습 32쪽

1 열에 ○표　　　 **2** 십에 ○표
3 열다섯에 ○표　 **4** 이십에 ○표
5 삼십칠에 ○표　 **6** 마흔여섯에 ○표

3 운동장에 학생이 열다섯 명 있습니다.

4 내 생일은 9월 이십 일입니다.

5 이 병원은 생긴지 삼십칠 년이 되었습니다.

6 우리 아빠의 나이는 마흔여섯 살입니다.

5 응용력 향상 집중 연습 33쪽

1 (○) (　) (　)
2 (　) (○) (　)
3 (　) (　) (○)
4 (○) (　) (　)
5 (　) (　) (○)

1 쉰 ➜ 50, 서른다섯 ➜ 35, 사십칠 ➜ 47
10개씩 묶음의 수가 가장 큰 50이 가장 큽니다.

2 열둘 ➜ 12, 스물 ➜ 20, 십삼 ➜ 13
10개씩 묶음의 수가 가장 큰 20이 가장 큽니다.

3 삼십사 ➜ 34, 서른 ➜ 30, 마흔아홉 ➜ 49
10개씩 묶음의 수가 가장 큰 49가 가장 큽니다.

4 이십육 ➜ 26, 스물셋 ➜ 23, 열일곱 ➜ 17
10개씩 묶음의 수가 더 큰 26과 23이 17보다 큽니다. 26과 23의 크기를 비교하면 26이 23보다 낱개의 수가 더 크므로 26이 가장 큽니다.

5 사십일 ➜ 41, 이십팔 ➜ 28, 마흔여덟 ➜ 48
10개씩 묶음의 수가 더 큰 41과 48이 28보다 큽니다. 41과 48의 크기를 비교하면 48이 41보다 낱개의 수가 더 크므로 48이 가장 큽니다.

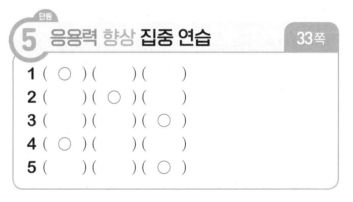

5 응용력 향상 집중 연습 34쪽

1 15, 16, 17 **2** 18, 19, 20
3 23, 24, 25, 26 **4** 30, 31, 32
5 39, 40, 41, 42
6 45, 46, 47, 48, 49

1

| 14 | 15 | 16 | 17 | 18 |

14보다 크고 18보다 작은 수는 15, 16, 17입니다.

2

| 17 | 18 | 19 | 20 | 21 |

17보다 크고 21보다 작은 수는 18, 19, 20입니다.

3

| 22 | 23 | 24 | 25 | 26 | 27 |

22보다 크고 27보다 작은 수는 23, 24, 25, 26 입니다.

4

| 29 | 30 | 31 | 32 | 33 |

29보다 크고 33보다 작은 수는 30, 31, 32입니다.

5

| 38 | 39 | 40 | 41 | 42 | 43 |

38보다 크고 43보다 작은 수는 39, 40, 41, 42 입니다.

6

| 44 | 45 | 46 | 47 | 48 | 49 | 50 |

44보다 크고 50보다 작은 수는 45, 46, 47, 48, 49입니다.

5 응용력 향상 집중 연습 35쪽

1 21개 **2** 29개
3 34개 **4** 38개
5 42개 **6** 47개

1 10개씩 묶음 1개와 낱개 11개
➔ 10개씩 묶음 2개와 낱개 1개
➔ 21개

2 10개씩 묶음 1개와 낱개 19개
➔ 10개씩 묶음 2개와 낱개 9개
➔ 29개

3 10개씩 묶음 2개와 낱개 14개
➔ 10개씩 묶음 3개와 낱개 4개
➔ 34개

4 10개씩 묶음 2개와 낱개 18개
➔ 10개씩 묶음 3개와 낱개 8개
➔ 38개

5 10개씩 묶음 3개와 낱개 12개
➔ 10개씩 묶음 4개와 낱개 2개
➔ 42개

6 10개씩 묶음 3개와 낱개 17개
➔ 10개씩 묶음 4개와 낱개 7개
➔ 47개

5 응용력 향상 집중 연습 36쪽

1 14, 31에 ○표 **2** 23, 17에 ○표
3 34, 43에 ○표 **4** 30, 29에 ○표
5 40, 27, 33에 ○표

1 10개씩 묶음 1개와 낱개 3개인 수는 13이므로 13 보다 큰 수를 모두 찾으면 14, 31입니다.

2 10개씩 묶음 2개와 낱개 5개인 수는 25이므로 25 보다 작은 수를 모두 찾으면 23, 17입니다.

3 10개씩 묶음 2개와 낱개 8개인 수는 28이므로 28 보다 큰 수를 모두 찾으면 34, 43입니다.

4 10개씩 묶음 3개와 낱개 7개인 수는 37이므로 37 보다 작은 수를 모두 찾으면 30, 29입니다.

5 10개씩 묶음 4개와 낱개 2개인 수는 42이므로 42 보다 작은 수를 모두 찾으면 40, 27, 33입니다.

5 응용력 향상 집중 연습　37쪽

1 43	**2** 21
3 24	**4** 20
5 32, 12	**6** 43, 30

1 수 카드의 수를 큰 수부터 차례로 쓰면 4, 3, 1입니다.
가장 큰 수인 4를 10개씩 묶음의 수로, 두 번째로 큰 수인 3을 낱개의 수로 하여 가장 큰 몇십몇을 만듭니다. ➡ 43

2 수 카드의 수를 큰 수부터 차례로 쓰면 2, 1, 0입니다.
가장 큰 수인 2를 10개씩 묶음의 수로, 두 번째로 큰 수인 1을 낱개의 수로 하여 가장 큰 몇십몇을 만듭니다. ➡ 21

3 수 카드의 수를 작은 수부터 차례로 쓰면 2, 4, 5입니다.
가장 작은 수인 2를 10개씩 묶음의 수로, 두 번째로 작은 수인 4를 낱개의 수로 하여 가장 작은 몇십몇을 만듭니다. ➡ 24

4 수 카드의 수를 작은 수부터 차례로 쓰면 0, 2, 3입니다.
가장 작은 수인 0은 10개씩 묶음의 수가 될 수 없으므로 두 번째로 작은 수인 2를 10개씩 묶음의 수로, 가장 작은 수인 0을 낱개의 수로 하여 가장 작은 몇십을 만듭니다. ➡ 20

5 수 카드의 수를 큰 수부터 차례로 쓰면 3, 2, 1입니다.
• 가장 큰 수인 3을 10개씩 묶음의 수로, 두 번째로 큰 수인 2를 낱개의 수로 하여 가장 큰 몇십몇을 만듭니다. ➡ 32
• 가장 작은 수인 1을 10개씩 묶음의 수로, 두 번째로 작은 수인 2를 낱개의 수로 하여 가장 작은 몇십몇을 만듭니다. ➡ 12

6 수 카드의 수를 큰 수부터 차례로 쓰면 4, 3, 0입니다.
• 가장 큰 수인 4를 10개씩 묶음의 수로, 두 번째로 큰 수인 3을 낱개의 수로 하여 가장 큰 몇십몇을 만듭니다. ➡ 43

• 가장 작은 수인 0은 10개씩 묶음의 수가 될 수 없으므로 두 번째로 작은 수인 3을 10개씩 묶음의 수로, 가장 작은 수인 0을 낱개의 수로 하여 가장 작은 몇십을 만듭니다. ➡ 30

5 창의·융합·코딩 학습　38~39쪽

코딩 **1** ❶ 작은 수 / 큰 수
❷
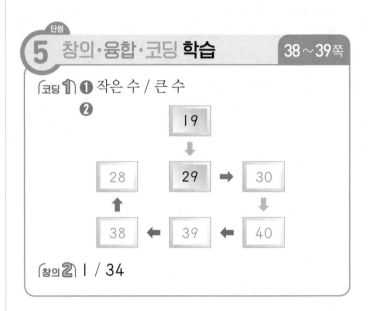

창의 **2** 1 / 34

코딩 **1** ❶ ← : 35에서 34, 34에서 33이 되었으므로 1만큼 더 작은 수가 되는 규칙입니다.
↓ : 27에서 37, 37에서 47이 되었으므로 10개씩 묶음의 수가 1만큼 더 큰 수가 되는 규칙입니다.

❷
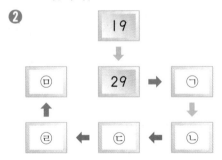

㉠ 29보다 1만큼 더 큰 수: 30
㉡ 30보다 10개씩 묶음의 수가 1만큼 더 큰 수: 40
㉢ 40보다 1만큼 더 작은 수: 39
㉣ 39보다 1만큼 더 작은 수: 38
㉤ 38보다 10개씩 묶음의 수가 1만큼 더 작은 수: 28

창의 **2** '월' 앞에 쓴 5는 10개씩 묶음 3개와 낱개 1개인 수만큼 있고, '일' 앞에 쓴 5는 낱개 3개인 수만큼 있으므로 날짜를 쓰는 데 사용한 숫자 5는 모두 10개씩 묶음 3개와 낱개 4개인 수만큼 있습니다. ➡ 34개

초등 문해력
독해가 힘이다
문장제 수학편

🔍 문해력을 키우면 정답이 보인다

초등 문해력 독해가 힘이다
문장제 수학편 (초등 1~6학년 / 단계별)

짧은 문장 연습부터 긴 문장 연습까지 문장을 읽고 이해하며 해결하는 연습을 하여
수학 문해력을 길러주는 문장제 연습 교재